U0175522

一个
舒适的家

　　你手中的这本书，我曾苦寻多年却始终未果。我看过上百本室内设计指南，有的是从图书馆借阅的藏书，有的是在二手市场购买的旧书，还有的是从网上订购的外文书，可绝大多数的图书都充斥着各种豪宅外观和内部装修的图片，对于普通住宅则很少给出具体建议。

　　我寻找的是这样一本书：它能解释基本的室内设计知识；无论读者喜欢哪种类型的家具或家居风格，都能提供值得借鉴的经验法则和思维灵感；并且能详细指出家装的微调对整体印象的巨大影响。所谓微调，即无须购买大量新的家具或对房屋进行拆除翻修。

当然，市面上也有针对职业室内设计师和建筑师撰写的实用手册，其中包括与房屋构建相关的具体步骤和人体工学原理，但都无法满足非专业读者的个性化需求。当你想要创造一个属于自己的家，在书中寻找的应该是属于自己的解决方案，而不是他人的想法和理念。

几年前，我们从一间老公寓搬进一幢新落成的联排别墅时，我在设计方面遇到了挑战，这在所有居民住宅是普遍存在的：实用性强，简单质朴，毫无惊艳之处。我们的新家既没有挑高三米的中空客厅，也没有值得展示的悠久历史。我完全找不到自己渴望的温暖和舒适，甚至不知道该从何下手。尽管我从事设计工作，为不少知名公司提供过创意方案，但改造自己现实中的居所远比想象中困难，这令我感到无比沮丧。那段经历充满挫败感，但也促使我开始以全新的视角思考和看待室内设计。作为一个职业设计师兼私人住户，究竟应该如何操作，才能让家居装修给人以温馨、舒适和面面俱到的感觉呢？

我将自己的感受记录下来，并以此为基础搭建框架，最终完成了这本关于室内设计和家居风格的手册。虽然这本书面向的是普通大众而非专业人士，我在撰写过程中仍然会向同行或相关领域的专家提出问题，了解他们在不同情况下的真实想法和应对措施。对于学院派室内设计师常常提到的本能和直觉，我试着将其用通俗易懂的语言表达出来，并转换成实际且有用的建议。

在室内设计行业并不存在绝对的对错，也不牵涉过多的科学理论（毕竟占据主导地位的是品味和感觉），但在人们遇到困难寻求帮助时，依然可以获得大量参考性的经验和建议。当然，前提是你对它们有足够的了解。

我的初衷是记录并整理这些技巧和诀窍，将室内设计师所谓的本能转化为更为实际和具体的办法，使得你我能从中受益，在做决定时更有信心。我衷心地希望，在阅读完本书后，你会对室内设计产生全新的看法，并且将其中一些思维方式应用于私人空间的打造，在这个过程中更清楚地认识到，创造一个温馨舒适的家需要哪些条件。

音乐启蒙者也能认识乐谱

我通常将室内设计和音乐进行比较。并非每个人都经过专业的视唱练耳训练，但这并不妨碍学习弹奏音符，对颜色、形状和装饰的认知也是如此。在室内设计这件事上，不是所有人天生具备设计规划的能力，可以达到满意的效果。但对大多数人来说，如果能够掌握基础知识，并在实践过程中获得锻炼，他们一定也能够做得比之前更好。

在资讯发达的今天，如果你对室内设计感兴趣，那么在家居装修和设计方面可以获得的信息一定非常丰富。确切地说，我们对摆设、家具和流行趋势会有充分的了解。哪怕在睡梦中被唤醒，我们也可以就设计款式、家居品牌和当季流行色彩侃侃而谈。但与此同时，在某些方面我们知之甚少，比如室内设计的基础知识（即比例、尺度和实际需求），以及如何利用购买和置换的物品打造一个功能完善、温馨舒适的家，即使花了大笔钱用于采购和装修，自认达到预期效果的人仍然少之又少，这一点令我颇为意外。

市面上已经存在太多作为家居范本的样板房图片，因此在这本书里，我尝试加入更多教学性的解释和插图，帮助读者根据自身情况找出解决方案。

相比于装修过程中的细节，我认为更加值得思考的是装修和设计的理念。我希望能通过本书提供一个思维工具箱，帮助读者更敏锐地意识到自己的需求，并且能从设计师的视角及时发现疏漏或不满意的地方。不过，这本书并非一份研究报告或规则手册，它更像一本充满和弦与旋律的乐谱，任凭读者自由组合和发挥，从而打造出更为温馨宜人的空间。

家，
是这个世界上
最美好的词。

———

罗拉·英格斯·怀德

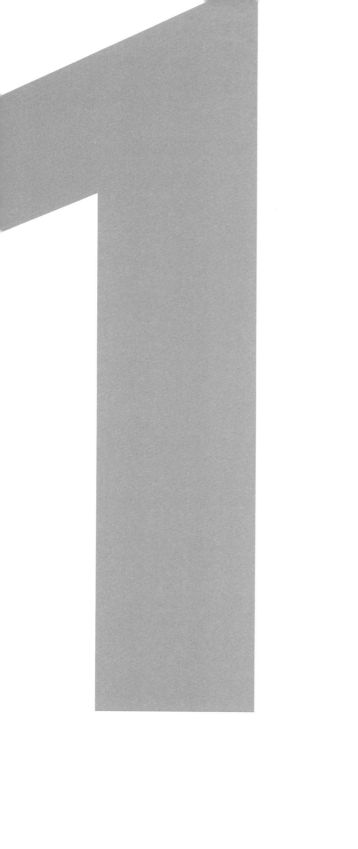

你习惯
怎样的生活？

专业的室内建筑师或设计师在承接一个项目之前，通常会对客户的需求进行分析。由于并不是为自己挑选家具，因此有必要对即将入住的业主有大致了解：他们的生活习惯如何？会在家里做些什么？设计过程中，需要考虑哪些具体而实际的需求？

当我们装修自己家时，很容易忽略这部分，直接跳到美观的层面，考虑更多的是样式和外观，而非日常生活中的实际功用。

我的建议是，为了达到令人满意的效果并且避免不必要的采购，每个人都应该在家装开始前做全面分析。既然谁都不愿意花高价聘请专门的设计师，那么，用设计师的思维进行思考不失为经济实惠的好办法。

在家里，你承担怎样的角色，习惯做什么，又是为谁而忙碌？

如今，家不仅仅是一个遮蔽风雨的住处，还是身份的象征和认同。很多人都希望家能够反映出他们的性格，而其中的细节更是社会地位和群体属性的体现。这在数字媒体时代尤其明显：我们的私人领域趋于公开化，成为值得拍摄和展示的事物。一如服装和潮流的影响力，我们同样可以借助住宅环境和家居品味打造出自身的形象。但这种想法很容易对我们的选择造成束缚，让一个家失去其应有的舒适和温馨。

个性化家装的目的，不仅在于展示业主的性格特征，更重要的是内饰和装潢符合其个人发展的需要。通过对生理层面和心理层面的评估和理解，我们将有更大的把握去创造和谐宜人的家居环境，而不是仅满足视觉享受。

我们只有依靠自己才能找到真正喜欢的东西，而不是别人。
—— 特伦斯·考伦

追求美好、借鉴他人的设计灵感并没有错，但有一点不该忘记，最重要的答案只存在于我们内心深处。每个人在不同环境中的感受和反应、触发身体愉悦记忆的细节、独处时让你感觉舒适的方式——这些最为私密的因素能够为家居设计提供最宝贵的线索。

室内设计引发的焦虑

我经常听到这种说法："我之所以焦虑，是因为我家的色彩不够浓烈。"许多人似乎存在这样一个误区：我的性格太过懦弱胆怯，害怕犯一点点错，因此在家装时必须采用明亮或中性的色系。我个人的感受是，身处色彩浓烈的环境反而会消耗更多能量。我是一个很容易被周围印象所左右的人，当鲜明的视觉元素吸引了太多注意力时，我很容易陷入疲倦和沮丧。

如果家居环境释放出很强的色彩信号，像我这样自信的人会感到很难放松。因此，我很能体会另一种极端的感受——在缺乏色彩的环境中，有些人会焦虑不安、情绪低落。这样的结果无关对错，只是因为每个人的性格特质不同以及应对外界刺激的反应不同而已。家应该让人感觉舒适、温馨、身心愉悦。

陈设家具的出发点在于熟悉的生活方式，
而非全新的体验

尽管每个人是独一无二的，但令人惊讶的是，家里的基础家具几乎都差不多。这实在是不合逻辑。因为，室内设计的走向完全取决于我们使用住宅的方式，室内的陈列和家具的选择充分体现了我们要过怎样的生活。对于那些喜欢招待朋友的人来说，客厅里可能需要摆上一套规模较大的组合沙发；换做是一个将阅读作为休闲方式的人，或许应该考虑花大价钱购买一把舒适的扶手椅。如果你性格外向、容易从社交中获取能量，拥有开放空间的家必然是最好的选择；如果你性格内向、要从独处中得到满足，较为"封闭"的独立房间一定更适合。

那么，如何根据性格特征和生活方式优化室内设计呢？我们不妨试着自我分析一下：在什么情况下，我们会达到身心的最佳状态？在处理事情时，我们更倾向于采用哪种方式，或遵循哪种习惯？

一些建议

- 如果你性格外向、善于社交，那么应该基于社交需求对家居进行优化。比如，你需要购买一张大型餐桌，确保椅子和沙发的数量多于家庭成员的数量。

这样，你在招待客人时会更游刃有余，而不至于捉襟见肘。

- 如果你性格内向，愿意将更多时间投入自己的兴趣爱好而非聚会交友，家居装修则应该尽可能私人化。比如，完全不必为客人的来访留出多余空间，沙发和餐桌只需要选择自用的尺寸。

- 如果你容易情绪紧张、时常感到压力，那么家居装修应该以休闲和放松为主。比如，在角落添置一个温暖的壁炉，或在墙上挂一幅静谧的油画，就可以为客厅营造出平静祥和的氛围。你还可以把住宅划分出不同的区域，更为便利地开展阅读、听音乐、做瑜伽等休闲活动。

- 如果你大多数时间是对着电脑，缺乏与人交流的机会而又急于改善这一现状，那么可以通过改变家具的陈设，将客厅改造成一个鼓励对话和沟通的场所。比如，挪开所有正对电视机的座位，将两张沙发面对面摆放，或者将扶手椅围绕茶几摆成一圈。

- 如果你对声音特别敏感，那么所有的设计都应该围绕将声效最小化展开。比如，选择静音型的厨房排风扇、洗碗机和其他电器。将建筑声学纳入设计考量，以减少回音和噪音。

- 如果你容易受视觉干扰，细节问题则应该成为家居的焦点。比如，确保家里有足够的封闭式储物空间，能够将日常生活中的小物件迅速整理干净并收纳起来。

儿童的需求

每一个孩子都是独一无二的。儿童和青少年对于社交活动和空间印象可能有着千奇百怪的想法。父母的生活方式并不一定能满足孩子们的需求——而且，孩子们在不同的成长阶段也会有不同的需求。

画出你不喜欢的设计！

当人们想要获取灵感、发掘自己的喜好时，最常见的方式莫过于寻找自己喜欢的东西。如何准确表述个人品味和享受方式呢？我掌握了一个有用的诀窍：保存一些不喜欢的内装图片，并思考分析不喜欢的原因。你可以在电脑里建立两个文件夹（比如绿色的代表喜欢，红色的代表不喜欢），从而更清楚地了解自己喜欢和不喜欢的风格。找出不喜欢的原因，对了解自己的偏好同样重要。在勾勒预期效果的蓝图时，也应思考需要避免的雷区，进一步确定自己的品味和家装风格。

思维训练

- 在你的童年中，哪种风格或设计给你留下过特别正面的印象？试着将该房间或地点描述出来。
- 你在什么时候感觉最舒适？为什么？
- 你对未来居住环境的构想是什么？
- 你喜欢什么颜色？不喜欢什么颜色？
- 你喜欢传统复古的家具，还是现代前卫的家具？你喜欢典雅的设计风格，还是质朴的风格？什么样的氛围最能让你感觉放松？
- 你最喜欢哪些材质的木料？对表面光滑度有要求吗？（明亮的、暗沉的、原木的、抛光的、上色的……）
- 你最喜欢的家居装饰店是哪家？为什么？
- 你有特别中意的让你觉得舒适的酒店或餐厅吗？为什么？
- 你有多少预算？你认为在家具、装饰和房间的其他项目上花费多少钱比较合理？

　　将你的答案写在纸上，找个熟识的朋友一起讨论。如果你的朋友恰好也面临室内设计的问题，你们可以互相交流想法和建议。

基本原则
和经验法则

这一章应该是全书最具挑战性，也是最重要的章节。在本章里，我会对绘图师、建筑师、摄影师和设计师在工作中经常参考和使用的一些基本原则进行简化和总结。如果能够牢记这些要点，那么在阅读其他章节时，你会对设计理念的出发点以及如何巧妙利用这些设计技巧有更为深刻的理解。

设计中的数学

数学从来不是我的优势。比起数字，我更喜欢颜色和形状。有意思的是，当我在创造性工作中陷入困境时，拯救我的往往是数学。

如果询问室内设计师们在工作中是如何思考的，大部分人大概会这样回答——跟着感觉走。对普通人而言，这一回答听来未免沮丧。这就好比一名厨师告诉想要学习烹饪的人做菜需要即兴发挥，并没有太多帮助。如果对设计不具备天生的直觉，掌握一些具体的技巧还是很有必要的。

当然，任何成功的设计都不存在所谓通行的方法。但是，通过学习创建和谐构图比例的经验方法，我们至少能够找到提高品位和审美的出发点，这就是数学思维的意义。对于大多数人而言，通过后天的训练，完全可以弥补先天的不足。

黄金分割

在设计领域，"黄金分割"是一个不可或缺的重要概念，也被称为"神圣比例"，希腊字母写作 φ（phi）。毕达哥拉斯和斐波那契是公认的定义黄金分割的鼻祖。自古以来，这一数学公式就广泛应用于艺术、建筑和音乐领域中，以计算出最能呈现美感的比例。无论你对这一概念了解多少、喜欢与否，都必须承认黄金分割深刻影响着人类对美的感受和认知。

在设计中，我们不用计算器，就能感受到黄金分割的美感。在黄金分割的理论中也包括一些几何图形，比如黄金矩形、黄金螺线、黄金三角形等。即使你不喜欢和数字打交道，培养相关的思维方式仍然大有益处。通过了解黄金分割图形，我们会对自己的审美偏好产生明确而清晰的认识。

从数学角度出发，我们可以这样描述黄金分割：将一条线段一分为二，较长的部分为 a，较短的部分为 b，a 在整条线段（即 a+b）中所占比例等于 b 在 a 中所占比例，即整条线段的长度除以较长部分的长度，其结果等于较长部分的长度除以较短部分的长度。黄金分割的比值为 1.618。在自然、艺术、建筑、星系和人体中，我们都可以找到黄金分割的例子。

$$\frac{a+b}{a} = \frac{a}{b} = \psi \approx 1.61803$$

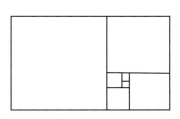

黄金矩形

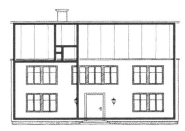

我们可以在建筑中找到黄金分割。

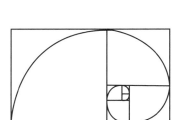

黄金螺线

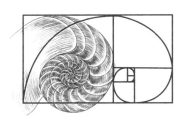

我们可以在自然中找到黄金分割。

均匀分割

不均匀分割

黄金分割

结构和比例

　　纵观人类历史，黄金分割不仅为职业建筑师和设计师的决策指明方向，也为那些希望在室内设计上有所建树的业余爱好者提供了帮助。

　　通过模拟斐波那契螺线形，你可以在静物中创造出神奇的动态效果（可以参考"静物设计"那部分的内容）。许多室内设计师会参考黄金分割，按照"60/30/10 + B/W"的方法为房间配色。我将在关于颜色的那部分内容对这一公式做详细说明。该模式并不是约定俗成的设计法则，但如果对图片进行分析，你会发现它以不同形式隐藏在边边角角的细节中。

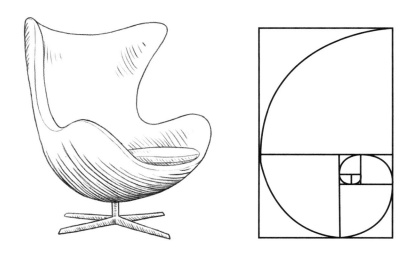

许多经典家具的线条和结构比例都遵循了黄金分割法则，其框架甚至可以简化为黄金螺线。

三分法

　　如果觉得黄金分割的计算过于复杂，不妨试试对平面进行三等分。这是对黄金分割的粗略简化，有助于人们更快速地确定物件摆放的位置。这就是三分法，也称"神圣平衡"。无论从数学角度还是实用角度来看，这个做法都要比精确的黄金分割法则更简单，因此在日常设计中的应用更广泛。

　　若要理解三分法，数码相机的显示屏是一个很好的例子。显示屏上会划分出较小的网格，为拍摄者指明拍摄对象在照片中的位置。依据黄金分割法则和三分法，网格会在水平和垂直方向各划出三个区域，提示拍摄者尽量将拍摄主体（比如正在被拍摄的人）放在分界线或交点的位置而非网格正中央，以达到更好的构图效果。利用网格，我们可以迅速确定完美的构图比例，避免主体居中的典型错误。

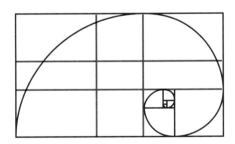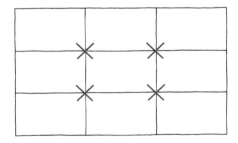

取景时，数码相机的显示屏上会出现一张网格。这张网格不仅有助于拍摄者保持相机在水平位置，也能快速预览构图效果——只需要将拍摄对象放在黄金分割线（phi 网格）或三等分线的交点处即可。

在欣赏名画或摄影作品时，甚至在观看新闻演播室的画面时，你都会发现，世界各地的摄影师和艺术家都会根据这一原则进行构图。拍摄主体很少居于图像正中，往往处在画面三分之一或三分之二的位置，和黄金螺线的起点吻合。室内设计和家居装修同样沿用这个思路。你不妨试着以三分法对它们进行解构，从而快速确定家具摆放的位置和装饰陈列的细节，以达到和谐与平衡。

如果有某件重要物品需要摆放在房间里或悬挂在墙壁上，你同样可以参考三分法的思路。通过在平面空间里进行纵向和横向三等分的划分，可以在突出主体之余，保留适当的空间，让人赏心悦目。

几何学有两件至宝，
一个是勾股定理，另一个是黄金分割。

——约翰内斯·开普勒（1571－1630）

三角形和三点式思维

　　如果从视觉层面的三角形出发，对室内设计图片加以分析，你大概会头晕眼花，因为三角形无处不在。设计师和摄影师在工作中常常用到三角形或三点式思维。对于业余爱好者而言，这种思路不失借鉴的价值。一来它并不复杂，二来呈现的效果往往超出预期。三点式思维，即在摆放物体时，使之勾勒出三角形的轮廓。正三角形或直角三角形都是不错的选择。

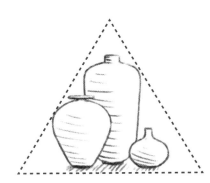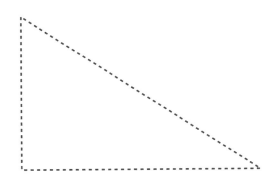

视学中心点

　　根据黄金分割理论，居中的位置并不是陈设主体的最优选择。图形设计中常常用到另一个概念——视学中心点，它同样基于类似的理念，即视觉感知的中心点与实际测量的中心点有所出入。视学中心点处于物理中心点上方（约高出10%）。因此，人们在欣赏广告时，不太会将目光聚焦于画面正中，往往更关注正中偏上的位置。此外，相框内卡纸的下边框往往比上边框要宽一些，这样在摆放照片时，能够人为地抬高主体的位置。

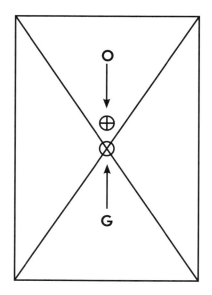

视学中心点是肉眼观察所认定的中心点。它位于实际中心点的上方，与黄金分割点基本吻合。

焦点

对于习惯使用相机的人来说，找准对焦位置是拍好照片的关键。在确定作为焦点的主体后，拍摄者会通过占用更多空间或营造突出效果的方式，使之更为显眼。遗憾的是，这种思维方式在现实生活中常常被忽略，比如我们在装修工程中陷入困境时，就很少用焦点理论解决问题。

人们在装修中常常会犯一个错误：让所有家具和装饰细节处于同等高调或低调的格局中。围绕焦点展开思考可以避免这一问题。设计房间时，你首先会注意到什么？希望它呈现什么效果？希望维持现有的样子，还是转移大家的注意力？有的时候，房间里已经存在一个现成的焦点——美丽的景色、一扇大落地窗或者一座精致的壁炉，这些都能在第一时间吸引人们的注意力。接下来可能遇到的问题是（你大概意识不到），你的视线已经在不知不觉间偏离。还有的时候,房间里要么缺乏值得关注的部分,要么陈设了太多吸引注意力的东西。这时,你必须对内部的装饰加以调整,以创造出一个特定的焦点,突出你想要强调的因素,比如某个房间、住宅的某个特色,或是某种家居风格。

如果有机会绘制装修草图,不妨试试接下来的方法,考虑清楚希望强化和淡化的部分。如果在房间里工作太久,已经完全失去了感觉,可以问问别人最先看到的是什么。或者你可以用手机拍摄一些全景照片,从镜头中观察和评估你所处的环境,判断吸引目光的焦点和需要调整的地方。想一想,若要使心目中的焦点更为明确和突出,哪些物品需要移动或重新组合,甚至全部替换掉呢?

这些组合中的哪些点容易吸引你的注意?颜色、对比度和位置上的差异往往会让画面脱颖而出,夺人眼球。在设计过程中,如果希望注意力能够集中在选定的焦点上,不妨借鉴一下这个思路。

线条魔法

室内设计中,线条是实用性最强的视觉工具之一。无论对于房间、家具、墙纸还是纺织品来说,线条的使用都可以制造出欺骗眼睛的视觉效果,让人产生放大、缩小、清晰或强调的错觉。因此,在布局房间时,考虑线条的走向至关重要,这会直接影响设计的效果。

引导线

设计师常常抛出的"引导线"概念，指的是利用线条强化效果，将人们的目光引导至作为焦点的物体或方位。摄影师在构图时,通常会利用线条的优势,在大自然或周围环境中制造方向感和景深感。同理，室内设计师也会运用线条增强空间感。一些线条存在于建筑物中，比如墙壁、地板、窗框。还有一些则是在后期的设计中创造出来的，比如家具和地毯中的线条。在一天中的不同时段，阴影和光线可以营造出清晰的线条。此外，家具和内饰之间的空隙同样可以运用，经过有意识地组合形成线条。

对角线

善于利用黄金分割的设计师常常提到对角线的重要性，即在三点式思维的基础上，让倾斜的线条引导目光向斜上方或斜下方游移。悬挂一组画或静物摆设都是具体而常见的例子，通过它们的轮廓所营造出的虚拟线条，观察者的目光会被顺利指引到焦点所在的地方。

水平线

通过在房间内设置和强调若干条水平线，在视觉上能够有效提高宽敞度。尤其是在狭窄的空间内，用水平线明显的条纹墙纸或家具制造错觉，是人为进行拓宽的技巧之一。例如，长条形书柜能够形成水平引导线，隔断式或组合式书柜则容易产生网格效果。地毯图案中的线条也是一样。同理，房间内的护墙板或木制墙裙也可以削弱天花板过高的感觉，让整个房间显得更紧凑温馨。

垂直线

借助房间内的垂直线（比如墙纸上的竖条纹）或利用装修中具有垂直感的细节（比如连接地板和天花板的陈列架），有助于将目光聚焦于垂直线。这样同样会产生视觉上的错觉，无形中增加了层高。

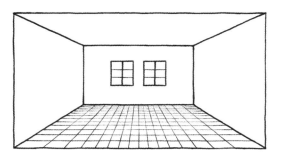

小格纹地板（线条短促而密集）让房间感觉更为紧凑。

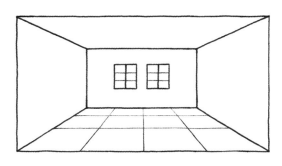

大格纹地板（线条稀疏）能够有效地增大空间感。

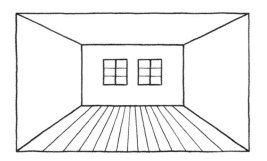

纵向条纹的地板使房间看起来更为狭长、窄仄。

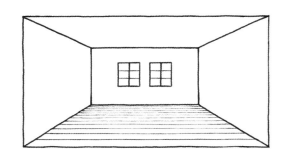

横向条纹的地板在视觉效果上能够延展房间的宽度。

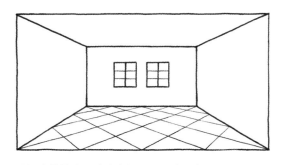

对角线的格纹设计让房间显得更为开阔。

嫌换地板太麻烦？不妨选择一块条纹或格纹地毯，帮助你实现理想的效果。

曲线

室内装修同样需要柔和、圆润的线条，避免显得过于锋利、棱角分明。这样的线条可能藏在住宅的细节处（比如拱形天花板、扇形窗户或墙面），但也可以添加在软装修中（比如圆形地毯、拱形镜面或家具轮廓）。

地板上的线

引导线还存在于房间的地板上。例如，木板或瓷砖间的空隙和接缝也会影响空间的视觉效果。在铺设地板时，请留意这一点。

视觉重量

物理重量以克或千克衡量，视觉重量则关乎眼睛的感觉。我们常说，室内装修应该让人觉得有分量，或夏季的装修看上去应该更轻盈些。这里所提到的视觉效果上的轻和重究竟是什么意思？

以下是室内设计师通常所说的"轻"和"重"的例子。

较重	较轻
大件物体	小件物体
深色	浅色
高对比度	低对比度
暖色调	冷色调
居于角落和边缘的物体	居于正中的物体
对角线	水平线
复杂的形状	简单的形状

和引导线一样，我们也可以有意识地对视觉重量加以运用，从而强调房间内的焦点，将目光吸引到预设的地方。当我们在色彩明快的房间内创造焦点时，目光最有可能落在某件深色的物体上。如果房间内陈列太多相似的静物，我们可以在细节上下功夫，比如将其中想强调的东西移至边缘或角落。

一些人坚信不同的物体具有不同的视觉重量，声称利用视觉重量的差异进行设计能够在视觉上形成有效的欺骗，弥补问题区域。我不知道其中是否有科学依据可循，但听起来更合理的做法是，在房间中摆放体积更大、视觉重量更重的家具，有助于消除产生回响的空洞感觉。因为在一个开阔的空间内，相比于轻薄织物和透明材质的家具，在视觉上重量较大、充满细节的家具能起到更好的填充效果，产生紧凑感。

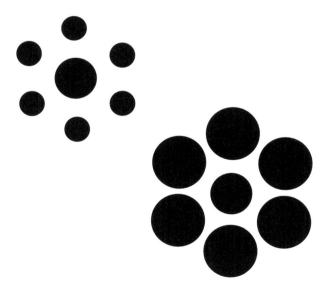

视错觉：请看这两幅图，你觉得中间的圆点一样大吗？由于周围的参照物不同，完全相同的两个东西也可能给人不一样的感觉。

如果你居住的房屋狭小，不妨选择透明度高的纺织品和家具消除逼仄的感觉，从而改善居住环境。这些纺织品和家具之所以让人产生轻盈感，完全是因为它们的视觉重量，而非物理重量。

另外，你可以选择样式简单的冷色调装修风格来增强空间感。相比于充满细节、色调暗沉的家居环境，冷色调给人轻透的缥缈感，能使整个房间灵动起来。

沉锚效应

布置房间或摆放静物时，如果感觉尚未达到真正的平衡，你可以考虑对家具或装饰组合进行锚定。锚定点（也称锚点或固定点）的存在，意味着整个房间或静物组合具有视觉重心。但是，不可将锚定点与焦点的概念混淆。

我们未必首先注意到空间内的锚定点。锚定点更像是视觉上的一个支点，给人以固定和支撑，使得注意力准确转移到想要的地方。举例来说，一个拥有众多装饰物的大房间内，往往会铺一块较大的地毯，将所有家具维系在一起，消除浮躁感。位于房间底部的厚重地毯能够让分散的装饰物稳固下来，确保注意力集中在选定的焦点上，同时，在其强大的凝聚力下，房间内其他家具不至于黯然失色，从而达到平衡与和谐。

设计时，不妨参考选定锚定点的方式。试想一下：房间内所有家具的视觉重量都大致相等吗？是否每个房间都有一个作为锚定点的明确物件？在某些

给房间上色时，参考大自然的配色往往能够获得更好的平衡感。务必保持重心在最下方，而上方采用视觉重量轻盈的色彩。例如，接近地板的物件选择代表大地的深色，而接近天花板的物件则选择代表天空的浅色。

功能性较强的房间内，锚定点的选择或许不存在争议，比如厨房内是餐桌、客厅内是沙发、卧室内是床。而在功能性较弱的房间内选择锚定点，则需要好好斟酌一番。比如，前厅是否可以摆放一张实木抽屉柜，书房是否可以添置一排尺寸合适的书架，浴室是否可以增设一个落地梳妆台……借助这些作为锚定点的家具，可以营造出踏实稳定的氛围，约束分散零乱的小物件。

如果家具内部有许多繁琐的细节，那么最好在底部为其增设一个锚定点。例如组合柜的最下层可以放置一只视觉重量较重的大花瓶。同理，将大部头的书置于较低的位置，可以使书架看来更具分量。

奇数法则

在一定程度上，室内设计其实是在创造一种平衡。但是在细节装饰方面，则秉承着截然相反的经验法则，对奇数更为偏爱。

一些人认为，大脑拥有对配对的需求，一旦不满足成双成对的条件，我们就会本能地感到排斥。还有一些人认为，出于惯性，我们会在两个物体之间添加一个中心，从而取得更好的视觉效果。

无论哪种正确，有一点是肯定的，即奇数法则在室内设计中的运用非常普遍。

奇数法则同样广泛应用于摄影和建筑领域，并延伸到摆放家具和静物组合中。奇数法则中最常用到的数是三、五或七，因此也被戏称为"三五七法则"。这一别名倒是很好地抓住了奇数法则的精髓，即避免偶数的出现。

简而言之，如果在组合搭配中遇到瓶颈，不妨将数量定为三个、五个或七个，也许会有意想不到的效果。

对比和并置

许多室内设计师将设计作品的成功归于"对比"的使用。缺少了对比，家居风格会显得直白、平淡。如果想营造更多动态效果，使用对比是屡试不爽的技巧。有时候，只要在已有的设计基础上稍微添加一些对比，便会收到立竿见影的效果。可话说回来，对比应该如何体现呢？

这里要提到的方法是有意识地对物品进行并置，简单来说就是将两个能够产生对比的物品、家具或元素并排放置，以突出和强调彼此的差异。在室内设计中，比较常见的范例是同一房间内表面光滑度的对比（亮面和亚光面）或家居风格的混搭（田园风和现代风）。

只要充分考虑物体的材质和属性，对比就不难实现。

利用风格变化平衡对比

除了在材质和表面光滑度上体现对比外，我们还可以将两种截然不同的设计风格并置在一起，以增强两者所产生的对比。在考量某种房型结构时，除了选择与之相配的家具和装饰，还可以有意识地加入一些与之相悖的元素，形成强烈的反差。比如，一个古董抽屉柜搭配一张现代扶手椅的组合可以同时突显两种家具的不同特征，相比于纯古董或纯现代的组合，别有一番风味。利用两种设计风格的并置，既可以使拥有百年历史的老房子焕发

家居设计中的对比范例

硬	软
直	弯
棱角	圆润
暗	明
粗糙	细腻
暗哑	光亮
大	小
实	虚 / 透明
单色	多色
冷	暖
高	低
起伏	平坦

现代的生机，又为乏善可陈、呆板的新住宅增添古朴的色彩。

想体现跨时代的风格冲突，诀窍之一就是找到它们之间的共同点，比如某种颜色或材质。设想一下，围绕一张桌子摆放十把形状各异的椅子，如果桌椅都是黑色或都是同一种木材，那么它们会更好地搭配在一起。

有人认为，视觉上所能感知到最强烈的对比来自明暗的差异。如果你打算把墙面漆成暗色调，不妨考虑将所有的电灯开关、电源插座和其他元器件保留白色调。比起明亮的背景，暗色墙面更容易突显和明确这些元器件的位置。

实践对比和并置这一理念也要适度。拆除老房子的部分有历史感的建筑结构可能会导致房产贬值。而对于那些严格遵循建筑用地规定的房屋而言,或许不能随意更改建筑结构的细节,不过，巧妙地添置家具或铺贴墙纸不失为折中的好办法。

肌理和触感

颜色和形状会对居住体验产生影响，这一点毋庸置疑。但很多人没有意识到，就整体效果而言，物体表面的肌理和触感同样至关重要。

我们通常会注意避免房间内出现单一颜色的不同色差和阴影，却忽略了其中充斥着同样肌理或触感的材料。由于价格低、采购途径多，中密度板和刨花板家具获得了近乎爆炸式的增长，导致现代室内设计的扁平化和趋同化。尤其是某些完全不注重表面肌理和触感的家具，更是给人以生硬、平淡的直观感受。如果你觉得房间了无生气，不妨看看是不是存在这个问题。

试着把不同的材质和表面肌理混合搭配，比如人造材质搭配自然纹理的外表面，体现出或粗糙、或柔软、或光洁的质感，呈现波纹或织物的效果。

肌理通常分为两种，触觉肌理和视觉肌理。

触觉肌理

由于物体表面的物理属性，就算闭上眼睛，你仍然能够感受得到。无论用手抚摩一块厚实的羊皮，还是赤脚走过一块柔软的毛毯，你都会切身体验到这种感觉。伊莎贝拉·雪瓦尔是一名跨界神经科学领域的设计师，她从生理学角度对此做出了解释：我们之所以喜欢触觉肌理强烈的材料，比如更具亲肤感的衣料或舒适松软的床品，是因为它们能够刺激催产素的分泌，给人安宁平和的感觉。

视觉肌理

视觉肌理只能通过眼睛来感知。例如，一幅物理表面绝对光滑的摄影作品，也可以通过构图和光影的巧妙设计以产生不同的层次感，让人产生视错觉。

室内的光线会对建筑材料的视觉体验产生影响。若建筑材料的表面粗糙不平，照明方式将直接决定阴影的走向和范围。在自然采光和照明设备的影响下，房间的明暗色调，甚至居住体验都会随之变化，加之视觉肌理的多样化，必然会增添更多的情趣与惊喜。

粗糙的表面

- 反射光线较少，色调更为暗沉。
- 大量使用会使房间整体感觉更为温暖柔和。
- 通常给人留下质朴的印象。

光滑的表面

- 反射光线较多，色调更为明亮。
- 大量使用会使房间整体感觉更为冰冷硬朗。
- 通常给人以现代感。

室内设计中肌理运用实例

在室内设计和装修中，如果想要增加房间整体的深度，利用不同质感营造反差和对比不失为一个实用的技巧。当感觉房间过于平淡又难以改变内部结构时，你不妨看看，房间内的材料是否在触觉肌理上太过相似？或许，你需要在其中添加一些新的元素。以下不同材质的家居用品或许能为你提供一些灵感：

- 层次感丰富的毯子（比如毛织地毯）
- 羊皮
- 拥有自然褶皱的亚麻布窗帘
- 蓬松柔软的格纹布
- 有着天然质感的织物（比如未熨烫的纯亚麻布）
- 玻璃花瓶
- 手工陶器
- 原木打造，凸显纹理的家具或装饰细节

同样材质的两块地毯，质地粗糙的大地毯对房间产生的影响要比小地毯大得多。物体表面积的大小直接决定了影响力的大小。

对称

简单而言，对称就是把整体一分为二，使之互为镜像。但对室内设计师来说，对称绝不只是单一的概念，通过实现两等分的原则或反复强调对称，能够在房间内巧妙地营造出一种平衡感。

- 镜像对称：一侧即为另一侧的反射镜像，比如蝴蝶的翅膀。室内设计师常常将镜像对称运用于卧室，选择相同的床头柜和床头灯置于床的两侧。镜像对称可以是垂直的，也可以是水平的。

- 旋转对称：围绕对称中心旋转一定角度，图形能够完全重合。比如星形图案或其他圆形地毯上重复出现的图案。在布置圆形家具时，室内设计师通常会谈到"如何实现径向平衡"。例如，从中心点或中心轴出发，将一张圆桌、一盏圆形吊灯和一张圆形地毯搭配在一起，尽可能地避免使用长条形吊灯或矩形地毯，从而保证线条的流畅以及整体家具陈列的完整性。

- 平移对称：在移动一定距离后，图形能够完全重合。我们从行道树、墙纸图案、黑白格地板或瓷砖墙壁，都可以找到平移对称。

运用对称组合，我们可以对不规则的结构进行规则性调整，在风格表达上给人以舒适感。对称的吊灯、枕头、烛台、椅子或窗帘流苏，除了经常出现在风格较为古典优雅的室内设计中，也会在细节丰富的多元素房间内营造出一种极简主义的风格，给人以平和愉悦的体验。

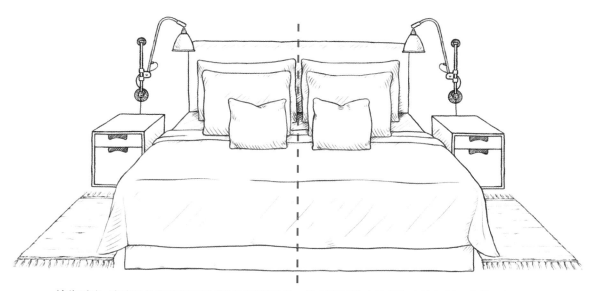

镜像对称：室内设计师经常在卧室运用镜像对称，选择相同的床头柜和床头灯置于床的两侧，营造和谐安宁的平衡效果。

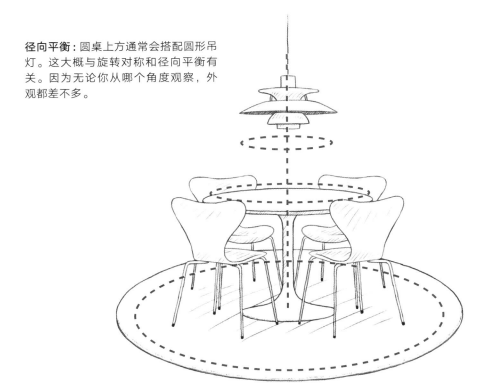

径向平衡：圆桌上方通常会搭配圆形吊灯。这大概与旋转对称和径向平衡有关。因为无论你从哪个角度观察，外观都差不多。

不对称，侘寂，不均齐

在西方文化中，我们学习到的是利用对称达到平衡，亚洲文化则往往反其道而行之，通过非常规、非对称的组合，打造一种特殊的平衡感。

侘寂是一种日式美学设计理念，核心在于对短暂和残缺的接受与欣赏。侘寂推崇的是自然的完整性以及对整个轮回的观察和体悟。

不均齐是佛教分支禅宗的七个基本概念之一，意为不对称、不规则，也称为"非对称平衡"。设计偏大众化的新式房屋时，有意识地将纵向或横向的直线与质感强烈的材质表面结合，不失为一种行之有效的途径。在这种家居环境中，如果一味追求对称、完美的家具或几何图案规则的墙纸，则会在无形中加大室内设计的难度，使得原本生硬呆板的氛围变得更加死气沉沉。反之，

如果选择不规则的自然元素、有机图形或不对称图案，则会产生截然不同的效果。

在我看来，在如今趋向完美主义的大环境中，这种思维方式非常有用。比起那些因为担心磨损而几乎不敢使用的家具，在中规中矩的家居设计中引入带有年代感的家具，可以营造出更加轻松、包容和热情的氛围。

实用范例

以下是一些设计中运用不对称、不规则的实例，或许能为你提供一些帮助，激发出更多灵感。

- 加入更多自然元素，比如一块美丽的石头、一根别致的树枝等，还可以选择表面带有原始材料肌理或造型不规则的家具。

- 利用不规则的形状打破常规，比如手工陶瓷制品、工艺品等。

- 选择具有不规则纹理或图案的天然材质，比如大理石、石灰石等。

- 选择长毛绒地毯（表面有自然的肌理）或具有不规则图案的毛毯。

- 选择不对称的纺织品图样或有机图案的墙纸（避免重复和对称的图样）。

- 选择手绘痕迹明显的装饰画。相比于千篇一律的数码印刷品，个性化的油画或雕版画更能引人注意。

- 以不规则、不对称的形式悬挂或陈列装饰品。

改变尺寸和比例

尺寸和比例方面的变化幅度过小，是室内设计中最常见的错误之一。这一点可以直观感受到。一堆同样大小的靠枕、灯具或盆栽摆放在一起，不仅无法产生惊艳的效果，反而会显得沉闷、单调，甚至给人以刻板、僵化的印象。

我们可以通过突出细节改善这一问题，但重点的突出不必采用极端另类或非常规的方式，不妨考虑改变家具和装饰的高矮、宽窄、大小等。比如，调整沙发靠枕的尺寸（用三种不同规格的靠枕替代常规的 50×50 厘米的统一尺寸），在盆栽都差不多大小的房间里添置一株大型落地绿植，在墙上悬挂一幅小画。这些细微的调整都会极大地改变整体效果。

留白

我们在描绘设计草图时很容易陷入一种思维定式，即只关注需要填充的空间，忽略了负空间（留白）的重要性。负空间指的是地板和墙壁未被家具占据的空间，包括必须留出的过道和角落。

我们首先需要在脑海中形成意识明确的整体规划，确保各个房间空气的顺畅流动，从而奠定一个和谐的基调。无论是家具放置还是饰物摆设，都应避免过度紧凑，就像音乐只有节奏张弛有度才能让人愉悦，否则就会变得凌乱而乏味。有计划的留白会对整体效果起到至关重要的作用。

哪怕你喜欢被紧紧环绕、层层包裹的密实感，对自我风格的实现有着强烈的需求，也需要通过留白的方式调整家居生活的节奏。你可以设身处地地思考一下：目前家的环境是怎样的？有需要进行整合或拆散的部分吗？哪些元素可以通过调整使得整体氛围更加轻松？

在酝酿设计方案时，留白的大小和方位或许并非首要问题。但请不要忘记，想营造温馨和谐的整体家居环境，留白是成功的关键之一。

一些可供参考的实例

- 悬挂装饰画，周围留出充足空间，可以加强中等或偏小画幅的存在感。

- 陈列雕塑作品时，避免使用有图案或花纹的墙面作背景，最好运用单色的背景突出焦点。

- 有计划的留白还能增强自然采光。极简主义者通常会有意识地让光线和阴影落在留白处，获得浑然天成的独特效果。

- 有意识地把某个地方空出来，使其与周围摆放物品的区域形成对比，创造独特的视觉效果。

房屋的活动流程图

设计时，不妨多考虑一下住宅内的生活轨迹。哪些区域是我们的生活中心？哪些房间使用频率较高？过道设在哪里比较合适？哪里必须留出足以举办聚会的空间？

实现这一点其实很简单。在签订购房或租房协议时，从房东、房地产经纪人或建筑商那里索取一张户型图，然后将你和家庭成员的日常生活轨迹大致描绘出来。通过这种方式，你可以轻松确定哪些房间和区域可能产生功能设计方面的问题，哪些家具和装修细节存在特殊需求，哪些空间能够发挥更大的使用价值。同时，你也能有效避免大件物品侵占空间的情况，可以更合理地规划家中的家具摆放。

在户型图上描绘出一天的生活轨迹，判断住宅中哪些区域利用频率较高。

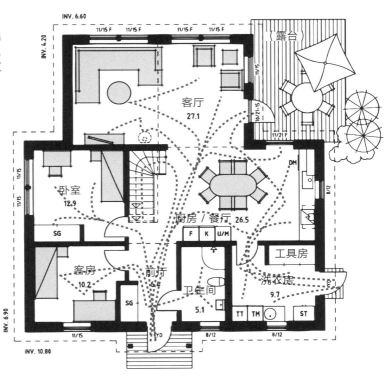

陈列家具时，我们还需要考虑到一点，即房门会在无形中起到隔断作用。房门的位置和朝向在很大程度上决定了我们行走的路线。作为房屋的主人，你显然不愿意在交通要塞或噪音最多的地方添置一套组合沙发。将房门的位置标出来，根据自己的移动方式画出运动轨迹，确认可供使用的区域。

商铺设计中，店铺大门后的区域称为"缓冲区"，相当于过渡地带，可以让顾客短暂停留，观察周围的环境。

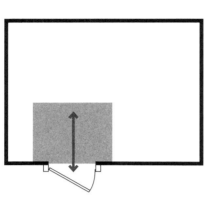

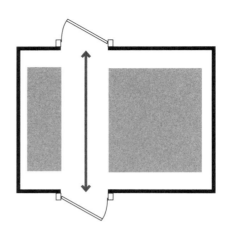

缓冲区
门后的区域，让人停下来走进房间。

过道
一个房间若存在多个出口，出口之间的
过道可将房间划分为不同的功能区。

　　我们不妨借鉴这一方法，应用于室内设计，在门后或过道旁留出一些空间。
如果在该缓冲区添加某个焦点，我们进入房间时便会不自觉放慢脚步，自然也
更容易注意到焦点的细节。

不同类型的活动流程

　　室内设计师要考虑的，不仅仅是客户在住宅内的移动方式，还有他们在不同地点之间移动的目的，以及这些地点所能提供的日常功能。这种方式能够帮助室内设计师识别潜在的问题区域。我们也可以借鉴这个办法。

　　事务性流程：你进出门时都有哪些习惯，平时在家里是怎样处理日常事务的？比如杂物收纳、垃圾分类等。在实际操作方面，是否面临麻烦和障碍？这些问题能否得到改善？

　　工作性流程：你习惯以怎样的方式在各个功能性区域间移动？比如，在厨房的水槽、料理台、烤箱、炉灶、冰箱和冰柜间走动时，你是否感觉舒适和方便？家具的摆设能够满足你的需求吗？

　　生活性流程：日常生活中，你对各个房间的利用效率如何？以一整天为例，你在哪个房间停留的时间最久？哪个过道的使用频率最高？

　　会客性流程：拜访你家的客人通常以何种方式从前厅移动至社交区域（包括厨房、餐厅、客厅和客房）？他们的移动路线会和你的私人领域发生冲突吗？如果会，你该如何解决？

可视域

在建筑学中，可视域是指从房间内某一点出发所能看到的空间范围。在人类的进化过程中，从周围环境中读取和消化信息的能力对生存至关重要。大概也是出于这个原因，我们似乎天生拥有一种能力，能够识别房间内可视域最大的点，从而获得最佳的视野。同理，从那些可视域较小的地点看出去，视线往往受到阻碍，视野也不够开阔。

在《神经科学中的设计》一书中，脑神经专家卡特琳娜·格斯皮克和跨界神经科学领域的设计师伊莎贝拉·雪瓦尔阐述了这种情况的生物学原理，分析了我们在设计房间时为何会产生这样的潜意识要求：既希望拥有良好开阔的视野，同时又留有不易察觉的隐蔽角落。我想，这大概可以解释为什么室内设计师经常强调，摆放沙发时切忌让入座的人背对着房门，床头切忌正对卧室的门。

在如今开放式的住宅中，将这种理念应用于家具的摆放显然有些困难。但我们至少可以做到避免组合沙发或餐椅正对门口或过道，或者调整家具摆放的角度来弥补不足。如果基于可视域理论和实际需求来设计房间，显然需要在开放式的空间内加入更多人为干预因素，比如利用低矮的书柜或落地绿植建立起低视角屏障，在保护隐私的同时又不影响空间的开阔感。

> 总体而言，我们更偏爱能够适度挑战大脑的环境。
> ——卡特琳娜·格斯皮克

二八开收纳原则

写本书之前，我曾经在博客上向读者征求写作主题的建议，位列第一的就是收纳方法。收纳专家逯薇的诀窍令我受益匪浅。她提出了二八开收纳原则。

简单来讲，就是隐藏 80% 的物品，只展示 20% 的物品，从而最大程度地减少屋内的视觉干扰。这一原则听来或许有些绝对，但却揭示出一条真理：一切问题的解决方案就存在于便利有效的日常收纳中。我们应该有策略地规划收纳空间，最好靠近"交通要道"。要想有清晰的大局观，不妨在户型图上标出每个房间提供收纳的可能性。比如，收纳盒和储物柜安置在哪里，它们是封闭式还是开放式。在视线范围内，为了不破坏房间的外观和整体印象，我们应尽可能避免开放式收纳方案。

通过这种方式，我们可以清楚地看到家里收纳空间的分配是否均匀。我们可以使用两种颜色的记号笔，分别标记开放式收纳和封闭式收纳。哪些地方还有更多的收纳潜力，哪些地方收纳的空间分配不够合理，这些都能在户型图上清晰地呈现。

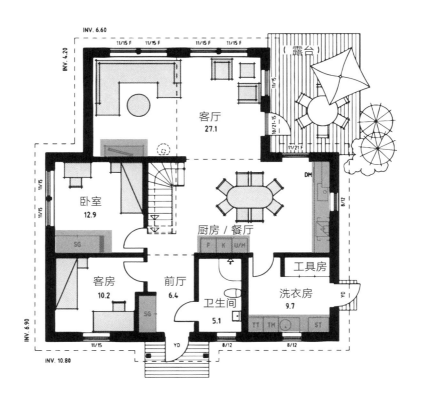

地理方位

　　设计房屋时，将各房间的方位纳入考虑，往往会收到意想不到的效果。建筑师在绘制房屋草图、确定楼盘位置时，会考虑日光的照射情况。有时，楼层的规划、周围建筑的遮挡和所处的海拔也会对此产生影响，但这不妨碍业界的普遍认知：朝北、朝南、朝东、朝西的房间各有利弊，这决定了它们各自适合开展不同的活动。如果你刚搬入新家，不妨根据方位对每个房间进行评估，让自己的居住环境尽可能健康舒适。现在，我就以北半球的房屋为例进行分析。南半球的情况恰好相反。

　　如果你喜欢较为凉爽的睡眠环境，选择朝西的卧室无异于自讨苦吃。不仅日照时间长，傍晚时分，房间内还会弥漫西晒的气味。如果你总觉得早上昏昏欲睡，最好选择朝东的卧室，伴着日出在第一抹晨曦中醒来。当然，进入房间的日光同样受到周围环境和建筑的影响。无论你是住在高楼林立的街区还是荫凉的林地，都会受到日光照射的影响。不过，熟悉和了解房间的方位朝向仍不失为有用的技巧。

北

这里通常是整个住宅最昏暗凉爽的房间。由于只有清晨和傍晚的短暂日照，朝北房间面临的最大问题是光线不足。因此，良好的照明尤为重要。相比于家里的其他地方，朝北的房间接收到的日光温度要更低一些。这意味着房间的装修要偏向冷色调，可以将墙面漆成紫色或蓝色。

东

太阳从东方升起，因此朝东的房间整个早晨都会拥有充足的自然光。它在夏季时往往较为温暖明媚，而在冬季时温度又会急剧回落。

南

在一天中的大部分时间，朝南的房间都能获得充足的日照（有时甚至过于强烈）。因此，防晒尤为重要。安装遮光的褶皱窗帘、百叶窗或卷帘能够创造阴影，降低室内的温度，同时延缓家具和地板老化。相比于朝北的房间，朝南的房间墙壁颜色往往更加明亮。

西

房屋的西侧最容易受到天气的影响，也更容易发生风化或损坏。在午后和傍晚，朝西的房间因持续受到强烈的光照而不易受潮，但同时也会导致地板和家具褪色。你可以在房屋的西侧种植矮树或灌木防止西晒。如果朝西的房间恰好是卧室，不妨选用遮光窗帘。

整体思维

对我而言，将空间里所有部分有效搭配在一起，整体呈现温馨愉悦的环境，室内设计才算真正做到统一。这并不意味着其中每个细节都严丝合缝，经得起推敲。在整体把控方面，有的人天生有着强烈的直觉，也有的人需要后天的引导。因此，在这一章里，我总结了一些室内设计的思维方法和实践技巧，帮助大家树立整体思维，找到其中关键的线索。

视线和轴对称

　　建筑师在绘制房屋和室内布局的草图时，潜意识里经常会出现"透视"或"视线"的概念。拥有透视感（视线可以轻松穿透多个房间）的建筑往往给人宽敞的感觉。对室内设计师来说，这个意识同样很重要。现代住宅的建筑结构中，人们的视线很难一次性穿透多个房间。相关领域的科研人员为此专门撰写过论文，阐述有关轴对称的作用。轴对称是衡量住宅无形价值的一个重要因素，也是体现住宅舒适度的重要指标之一。轴是一条模拟的线，两点间可以无限延伸，穿过两个或多个房间，甚至在更大范围内决定建筑结构。如果相邻房间的装修风格能够保持统一和谐，甚至相互呼应，那么整体的居住体验将会更加舒适。因此，在设计时，我们不妨缩小比例尺，从整体效果入手，而不是目光仅仅局限于单个房间。

思维训练

- 步入住宅时，除了前厅，还有哪些房间是你能一眼看到的？

- 设计时，你可以标出哪些清晰的视线？

- 你的住宅中，哪些相邻的房间的房门经常保持打开？

- 若要到达正在装修设计的房间，你需要经过哪些区域？

- 在你的视线内，来自房屋外的东西有哪些会影响你对颜色的选择或设计的决定？比如从窗口可以看到的绿色森林、黏土砖墙或铜皮屋顶，或是更广阔视野内的其他东西。

在你的住宅中，哪些房间是可以同时看见的？在户型图上画出所有视线，这样一来，在设计时哪些房间需要保持统一风格，就一目了然了。这对营造和谐的整体效果大有帮助。

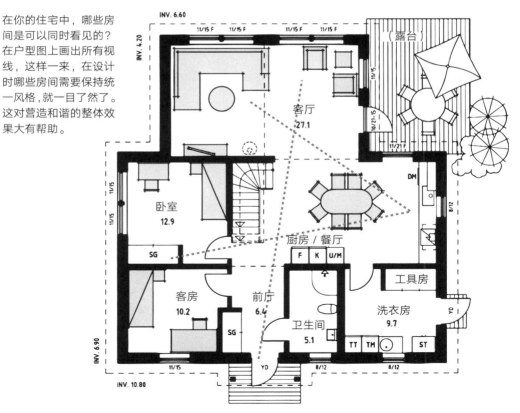

即使房屋内的视线不够清晰，或者房间与房间之间缺少开放的边界，这一原则同样适用。无论遵循何种生活方式，你都要经过或穿过一个房间才能进入下一个房间。因此你会不自觉地将前一个房间的印象带入下一个房间中。

红线

希腊神话中，忒修斯杀死怪兽弥诺陶洛斯之后，顺着阿里阿德涅公主给他的一团红线顺利逃出米诺斯迷宫。在听演讲时，我们经常会评价主讲人"偏离了主线"。在室内设计的过程中，设计师往往会先预设一个适用于所有房间和楼层的主题，然后对贯串其中的主线加以调整。

红线或者说主线，指的是设计的主题，可以是某种颜色，也可以是其他的细节，比如重复出现的木料、形状或其他东西。只要能在房间之间建立联系、加强整体协调感的东西，都可以成为主题。

重复

重复是室内设计师经常用到的技巧。多个类似元素重复出现会产生凝聚力，更加实用。这一技巧的秘诀在于有意识地让特定的颜色、形状、纹理、线条和细节在家里多处反复出现，创造视觉上的联系。对于崇尚极简主义的人来说，重复还能形成秩序的美感。

递进

瑞典旋律节上，音乐创作人会频繁地运用升调和降调创作热门歌曲——用不同的音调演奏同一段旋律，尽管有重复，也会让听众耳目一新。同样的方法也可以运用于室内设计：通过大小或强度的递进式改变来突显房间特色。比如款式相同、由小到大排列的一组烛台，错落有致的组合桌柜，明度渐变的同一组色调等。

惊艳效果和趣味感

如果你想突出最喜欢的颜色或设定的主题，在单个房间或单条视线中仅仅加入一个元素是远远不够的。我总结出了一个实用的技巧：尽量创造出其不意的惊艳效果和耐人寻味的趣味感，加深视觉印象和体验。这一技巧如何运用到设计当中呢？首先，需要确定你或你的客人在进入住宅时，短暂停留的过渡区域（比如通往家的入口、通往客厅的走廊或前厅的过道）。然后，我们需要利用三点式思维，让"红线"至少出现在视线范围内的三处地方。如果两端能够实现轴对称，则应该让红线更靠近观察者，以营造出惊艳的效果。而在视线远端可以偏重熟悉感和趣味感的营造。如何将惊艳的效果和趣味感巧妙结合，与你设定的主题息息相关。

我们可以举例加以说明。进入一个房间后，你首先会被天花板和漂亮的暗绿色墙壁所吸引，所以你的第一印象可能是："哇！多让人惊艳的绿色啊！"而随着目光继续游移，你可能会看见视线正中有一幅绿色调的油画，油画上是嫩绿色水果和浅绿色玻璃罐。在体现惊艳效果的暗绿色和富有趣味感的浅绿色之间，你还能找到以绿色调为基础的巧妙连接，比如绿色灯罩的吊灯、沙发上的绿色图案、绿色的靠枕和窗帘等。所以你看，坚持"绿线"并不是一件难事吧？

增强室内设计整体性的实例

- 颜色相同或色调一致的物件

- 反复使用同一种材料

- 使用同样的木材

- 从你的兴趣爱好或参加的体育运动上寻找主题

- 年代标志或房屋建筑年份

- 某位设计师或某种类型的设计风格

将房屋历史纳入考量

设计时如何将房屋建筑年代和时代特色纳入材料和家具选择的考量，是室内设计师经常热议的话题。当然，并非在所有情况下都要考虑这些因素，但它们的确具有一定程度的参考价值。若能考虑到房屋的基础条件和整体风格特征，家装结果往往更能给人带来和谐感，这一点在厨房和浴室的装修中表现得尤为明显。

在我看来，这和着装多少有些类似。如果不局限于流行趋势和大众审美，而是更多关注适合自己体形的面料和款式，最终呈现的效果往往更加合身，也更能体现个人气质。

就我的感受而言，与其将住宅的结构视为内部和外部两个独立存在的部分，倒不如将它们视为一个整体进行统一设计，以突显房屋的风格和特色。将房屋历史纳入考量，不仅设定了一条明确的红线，而且在家具、材料以及细节的选择方面提供了框架和灵感。无论是颜色和墙纸的搭配，还是装饰和配件的选择，房屋建造时流行的风格、设计以及典型的建筑特征能够从很多方面给予我们灵感。公寓也好，独栋楼房也罢，我都建议屋主了解住宅本身至少十年的建筑历史。在确定红线的时候，这一点能够起到相当不错的效果。

如果你并不想将住宅设计得太有年代感，而是希望从实用和美观的角度出发，不妨重点关注房屋中体现时代特色的细节，然后思考如下问题：从这些细节中能够获得哪些灵感？这些灵感是否可以运用到现代化的室内设计中？以这些细节为基础，还可以添加哪些元素、材质或图案？考虑到现代化的生活方式，在不破坏原有基础的前提下，如何兼顾自己的需求和创意？

像建筑师一样思考

搬进联排别墅时，我并没有过多关注房屋的结构及其历史渊源。当时，我正忙于处理其他棘手的问题——糟糕的隔音、尺寸不合的窗框等，根本没有时间考虑建筑本身的细节。直到有一天，我找到了前任屋主留下的房屋建筑资料以及该地区的设计规划图，感觉仿佛打开了百宝箱！在这些资料中，建筑公司和设计师逐页说明了他们的灵感来源，以及某些建筑元素重复出现的原因。

阅读完资料，我才逐渐了解到，二十世纪三十年代被戏称为"白色盒子"的功能主义建筑在当时被奉为绝对的典范。当然我之前也听说过这个概念，但由于对建筑历史缺乏兴趣，并没有深入挖掘这些理念的成因。而这一发现让我倍感好奇，于是开始查阅更多三十年代相关的资料。我从图书馆借阅图书，在网络上搜寻信息，突然间，事情有了变化，圆窗、斜坡屋顶、宽大的玻璃和石灰石窗台，这些我曾注意过却无法理解的细节有了新的意义。在了解到建筑师对功能主义理念的解读和运用后，我甚至对门把手的样式都有了更深层次的认知。亲近自然、日常采光、实际的解决方法和尽量简约的生活方式——这些都是我个人崇尚的价值观。了解到这些背景之后，突然之间我感觉设计新家这项任务变得容易了，也清楚地明白该做什么去填补房屋所缺失的拼图。我们的房屋修建于 2006 至 2007 年，在装修厨房时，我还是选用了三十年代的内饰作为样板。出于同样的原因，尽管报纸和数字媒体争相宣传用预制板材打造田园风格的灰色调厨房，我还是选择了家具表面光滑的白色调厨房。

或许在阅读本书前，你就有过类似的体验。如果更深入地了解房屋类型和建筑年代，你就会发现宝藏，能够从中源源不断地挖掘出灵感。

从历史中汲取灵感

从房屋历史中汲取灵感，从建筑师的角度观察全局，有时会让室内设计工作变得简单有趣。但如果对建筑历史知之甚少，对各个年代的建筑特色和风格缺乏了解，我们该从哪些地方着手找寻线索呢？

对于那些想了解不同年代房屋结构和特征的人来说，市面上已经存在相当数量的出版物。在这里，我会对瑞典近百年来房屋外部和内部构造的特点简单进行归纳和总结。

接下来的内容并不是完整且详尽的历史资料阐述，而是以十年为单位，介绍一些常见元素。由于变量很多，我们很难框定一个确切的年代界限。另外，其中的一些特点不仅适用于独栋住宅，在公寓中也很常见。我之所以将一些细节糅合在一起，是为了在尽可能简化的前提下涵盖尽可能多的时代特色。

建筑
以空间形式
体现时代精神。

———

路德维希·密斯·凡德罗

二十世纪初
新艺术主义

外观

- **外墙**：光滑的外墙较常见，也有用灰泥、哈林（粗灰泥）装饰的粗糙外墙，呈淡黄色或米色。
- **屋顶**：折线型屋顶，铺有红色波形瓦。
- **窗户**：单层窗户，上下两部分分别由窗框隔成若干小窗格。所谓牛眼窗的椭圆形窗户开始出现，也可以见到铅条玻璃。
- **外门**：镶嵌有小窗格玻璃的门。
- **体现时代特征的细节**：阳台和飘窗，圆形窗户，山墙窗户，天窗和门槛。

内饰

- **地板**：橡木拼接地板较常见，仿橡木的油毡地板（软木地板）开始流行，涂层地板（也有松木地板）更为常见。
- **内门**：嵌有镜子的镶板门，多为对开。
- **门把手**：常呈弧形，带有圆形花饰的锁芯盖，还有纯黄铜的门锁背板。
- **壁炉**：瓷砖材质表面光滑明亮，一般带有简单装饰，多为花朵和叶片图案。
- **墙纸**：以细窄、弯曲的线条或瑞典植物作为主题图案，通常在天花板下留出较宽的墙纸边。墙纸用色较为克制，但并不单调。
- **家具**：通常由橡木制成，刻有装饰图案，果实图案较为常见。高背椅开始出现。桌子腿和椅子腿多呈饱满的灯泡状。
- **照明**：在电灯普及之前，煤气灯是最常见的照明工具。电气照明的使用象征着较高的经济地位和社会阶层。
- **浴室**：厕所建在室外。独立铸铁浴缸，脚架多为鸟爪或狮爪形状。地板普遍使用大理石或石灰石（水泥材料）。墙壁下半部分铺有瓷砖，上半部分则铺有用亚麻油处理过的带凹槽纹理的镶板。
- **厨房**：灰色或米色的亚麻籽油漆和桦树纹理涂料较为流行。料理台会铺上锌板、大理石板或木板，厨房墙壁以光滑表面居多，也会铺带有凹槽纹理的镶板。墙上多安有开放式置物架。

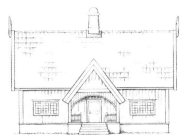

二十世纪一零年代
浪漫民族主义

外观

- **外墙**：纵向或横向木板结构较常见，以暗色调为主，涂有柏油或油漆。红色外墙依然是主流，偶尔可以看到白色门廊。
- **房顶**：倾斜度较大，铺有波形瓦，有天窗。
- **窗户**：带有窗格的小窗户，安装有窗框和遮雨篷，通常刷成白色、棕色或绿色。
- **外门**：以亚麻籽油粉刷，木质结构，镶嵌有小玻璃板。
- **体现时代特征的细节**：汲取自古代北欧神话和维京时代的灵感。乡村的红色小木屋比较常见。窗框和门廊较多出现木工雕刻图案，以心形和太阳为主。

内饰

- **地板**：榫槽地板较常见，铺油毡垫，涂清漆。
- **内门**：镶板门，装饰有异形花纹。
- **门把手**：黄铜或铬铁质地。
- **壁炉**：由圆形扁平瓷砖砌成，带有花卉装饰或古代北欧图案。浅绿色或蓝色瓷砖开始流行，箱形瓷砖壁炉成为新兴产物。大型砖结构的开放式炉灶也越来越受欢迎，颇有古代北欧人们围炉烤火的氛围。
- **墙纸**：哥白林编织墙纸和彩绘护墙板开始出现。与十年前相比，墙纸图案变化不大，但更为正式。
- **家具**：定制的固定家具非常流行，色彩传统质朴，饱和度高。
- **照明**：透明玻璃和磨耗玻璃灯罩开始流行。吊灯较为常见。
- **浴室**：新建住宅的洗手间内多配有洗手台、梳妆台和浴缸。墙壁由石灰粉刷，并涂有多层亚麻油漆。墙壁底部至 1.5 米高处有时会铺上瓷砖。较为普通的住宅中通常会有水盆、水槽和浴缸。
- **厨房**：橱柜多漆成锌绿色或饱和度较高的颜色，有简单的弹簧锁，可从外边上锁。瓷砖边缘呈现一定斜度，接缝处用混合石灰、颜料和水的涂料粘合。造价高昂的住宅内设有装饰性壁柱，而普通的住宅会配备用来取暖和做饭的柴炉、开放式置物架和收纳厨具的挂钩。

二十世纪二十年代
北欧古典主义

外观

- **外墙**：对称的木质或灰泥外墙较常见，装饰有圆形图案、花卉彩饰或锯齿形图案，通常带有立柱和壁柱。
- **屋顶**：四十五度角倾斜的马鞍形屋顶，有老虎窗，也有较为明显的屋檐。
- **窗户**：一楼有高大的窗户，每扇窗有三个窗格。二楼以上窗户较矮，每扇窗有两个窗格。有的住宅还装有半月形窗户。
- **外门**：带水泥地基的开放式门廊，设有立柱支撑门楣，顶上有照明灯。
- **体现时代特征的细节**：有木制支柱的阳台，木制护栏，带立柱和装饰。豪华住宅内部的天花板还有藻井。车库开始兴起。

内饰

- **地板**：由窄木条组成的松木或云杉地板较常见，涂清漆，有时铺油毡垫。人字纹的橡木镶木地板也可以见到，边缘带有装饰。
- **内门**：喷漆抛光的木制单扇门较常见。
- **门把手**：黑色木制门把手，铬钢锁孔。
- **壁炉**：大理石开放式壁炉较常见，中央供暖系统开始普及，用来取暖的壁炉日渐式微。
- **墙纸**：受东方文化影响，弧形线条和圆圈图案开始流行，此外不乏花卉和装饰画的主题。颜色较为沉稳、柔和。
- **家具**：北欧式简约风较常见，线条简洁明快，多为桦木和榆木材质。
- **照明**：据统计，1922 年 80% 的斯德哥尔摩居民家中都已经用电气照明。除了吊灯，台灯和落地灯也越发普及。
- **浴室**：二十世纪二十年代，洗手间开始采用干湿分离。独立式浴缸变得更为简洁，装饰不再繁琐。墙壁和地板都铺有防水瓷砖。白色瓷砖仍为主流，彩色瓷砖开始流行（深红色、深蓝色或绿色）。管道往往暴露在外。
- **厨房**：浅色（米色或浅黄色）和有光泽的油毡垫开始流行。高柜的壁挂式橱柜很常见。墙壁上的瓷砖铺得严丝合缝，没有间隙。

二十世纪三十年代

实用主义 / 现代主义

外观

- **外墙**：近似立方体的房屋结构较常见，外墙多为浅色灰泥墙或较薄的三合板。
- **屋顶**：平屋顶，有时会用金属板或铜板覆盖。
- **窗户**：长条形窗户较多见，且窗格面积较大，透光性强，位置较之前更高。新材料和新设计的采用，使得拐角处窗户的采光性大大提升。
- **外门**：木制大门，往往镶嵌有圆形玻璃。
- **体现时代特征的细节**：房屋的位置和朝向以白天最大的采光量为依据。阳台呈弧线形，通常带有圆形转角和金属片的遮阳篷。阳台瓷砖和阳台家具开始流行。建筑较注重线条的美感。

内饰

- **地板**：图案各异的镶木地板或榫槽地板较常见，铺油毡垫。
- **内门**：以推拉门和平开门为主，梅森奈特硬质纤维板作为新型板材有了突破。
- **门把手**：木制、铬合金或黑色胶木居多。
- **壁炉**：浅色灰泥铺砌的圆形砖石壁炉较常见。
- **墙纸**：光滑的内墙和浅色的墙纸仍为主流，也有仿粗灰泥效果的壁画墙纸。内墙仍以浅色调为主，但很少呈现全白，油漆的颜色通常比较沉闷。
- **家具**：注重实用，比如线条刚毅的金属家具开始出现。胶木、铬合金、不锈钢和彩色玻璃等材料也开始流行。
- **浴室**：设计简约，带有如今的现代风格。管道仍然暴露在外，墙壁通常铺有纯白色瓷砖，地板采用黑白格纹图案。抽水马桶已普及。
- **厨房**：嵌入式橱柜，大约三分之一露在外面，外观上给人以轻便的感觉。卡扣配件（一种带回弹把手的橱柜开关）开始出现。橱柜高度大幅提升，可直达天花板，下层安装有抽屉或滑动门。实用性的储物格和放置调味品或干果的玻璃罐开始流行。厨房有通风口，通风性能较好，可有效减少异味。

二十世纪四十年代

福利国家功能主义

外观

- **外墙**：纵向木制壁板，刷有粗灰泥涂料，多涂成黄色、浅灰或绿色。
- **屋顶**：倾斜角为二十度的马鞍形屋顶。
- **窗户**：木制窗框，双开。
- **外门**：镶板门，镶嵌单层玻璃窗。
- **体现时代特征的细节**：凸阳台，可以看见底部阳台板，木制栏杆。

内饰

- **地板**：镶木地板，多为云杉、橡木或山毛榉质地，铺油毡垫或棋盘格的乙烯基合成砖。
- **内门**：平开门。
- **门把手**：钢制门把手，有时搭配白色塑料或硬木材质配件。镀铬金属板上嵌有锁孔。
- **墙纸**：色彩柔和的自然风格图案。
- **家具**：多呈现瑞典现代风格，以浅色调曲木家具为主。胶合板、玻璃纤维、榆木和桦木开始流行。偶尔也会以暗色调为主。
- **浴室**：白色陶瓷卫浴，浴缸通常是独立的，内置浴缸开始流行。墙面多为釉面瓷砖。瑞典陶瓷公司古斯塔夫（Gustavsbevg）生产的冷热水混合龙头替代了分开的冷热水龙头。
- **厨房**：价廉物美的标准化厨房成为主流。带滑动门的橱柜开始流行，滑轨式抽屉取代铰链结构抽屉。四十年代，瑞典家庭普遍采用尺寸标准的厨房。新建的厨房讲究人体工学设计，料理台高度和台面大小都更为科学。

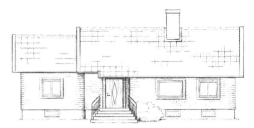

二十世纪五十年代
战后时代

外观

- **外墙**：砖墙结构的平房较常见。
- **屋顶**：简单的马鞍形屋顶，铺双层波形瓦。
- **窗户**：正方形玻璃窗较普遍，不同房间装有不同尺寸的窗户，客厅的窗户通常较大。
- **外门**：多为柚木材质。
- **体现时代特征的细节**：房屋主体和裙楼屋顶高度不同，门窗周围用砖石砌成的边框，此外还有带图案的铁艺栏杆。

内饰

- **地板**：网格状橡木镶木地板、人字形图案的镶木地板和软木镶木地板都较常见，铺软木油毡垫，前厅和衣帽间地面多采用天然石材。
- **内门**：多采用富有异国情调的木材，比如柚木或者产自非洲加蓬的热带木材。
- **门把手**：不锈钢材质，带红木手柄，也有使用白色塑料手柄的门把手。门锁背板也是不锈钢材质。
- **壁炉**：带排风罩的石雕壁炉。
- **墙纸**：几何图案、色彩风格对比强烈的墙纸成为主流。
- **家具**：斯堪的纳维亚设计风格，代表性家具有搁板式书架、蝙蝠椅、边桌、写字台、化妆台、床头柜和矮柜。家居企业宜家崭露头角。材质更为多样化，包括乙烯基、镀铬、不锈钢等。装饰性瓷器开始流行。
- **照明**：柚木和黄铜材质的台灯和落地灯开始流行，灯罩通常为布面、塑料或漆面，色彩鲜艳而明快。
- **浴室**：格纹地板、彩色陶瓷卫浴（绿色或绿松石色）较常见。浴室柜常带有旋转镜门。马赛克的款式趋向多样化，用于装饰墙壁、地板和浴缸。在水槽下安装底座来隐藏下水道水管的做法越来越普遍。
- **厨房**：厨房结构更为紧凑，抽屉和橱柜的材料更为轻便。料理台的高度较低，柚木贴面或漆面成为主流。经典的带有微拉瓦图案（Virrvarr）的层压板台面于1958年投入生产。

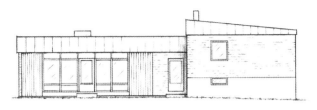

二十世纪六十年代

经济腾飞时代

外观

- **外墙**：砖石结构，多涂抹灰色灌浆料。
- **屋顶**：二十五度倾斜角的马鞍形屋顶，黑色混凝土板块，铺双层波形瓦，也有带金属装饰的单坡屋顶。
- **窗户**：多为低窗台的长条形窗户，带木制窗框。
- **外门**：柚木材质，玻璃设于门两侧，而非镶嵌于门板中。
- **体现时代特征的细节**：平房仍然较为常见，但也有采用错层结构设计的房屋。外墙上的嵌入式玻璃有助于光线的射入。

内饰

- **地板**：地毯和乙烯基地板（即塑胶地板）较常见，前厅通常铺有大理石等天然石材。
- **内门**：带有图案或彩绘的玻璃门。
- **门把手**：不锈钢材质，带灰白色、黑色或灰色塑料手柄。独立门锁，与门把手完全分离。
- **壁炉**：砖砌壁炉。
- **墙纸**：海草纹墙纸或模仿织物效果墙纸。
- **照明**：灯罩多为塑料或布面材质。
- **家具**：柚木或红木家具较常见，沙发和软垫椅经常采用弧线形的细长椅子腿和桌子腿。未来派风格开始流行，代表作有杰特森扶手椅（Jetson armchair）。柔和的蓝色和灰色成为主流。
- **浴室**：半瓷砖墙面，有浴缸。柏斯托公司（Perstorp）推出造价高于瓷砖但更易于清洁的塑料地板，可用于浴室墙面。地板瓷砖的尺寸多为 10×10 厘米。
- **厨房**：天花板和橱柜通常漆成白色，置物架多见灰色、蓝色或绿色。厨房门和门把手多为木制，橱柜旋钮为玻璃或金属材质。橱柜门和厨房门的材质选择上，实惠而轻便的复合木质板材逐渐取代了红木材料。冰箱和冰柜兴起，并迅速普及。

二十世纪七十年代

"百万住宅计划"时代

外观

- **外墙**：纵向榫槽木板。
- **屋顶**：高耸的屋顶，铺黑色混凝土瓦。
- **窗户**：向外的平开窗，外部安有装饰性百叶窗。三层玻璃窗成为建筑的新标准。
- **外门**：柚木雕花门或做旧的木门。
- **体现时代特征的细节**：没有地下室，屋顶延伸至阳台外沿。阳台外凸。公寓楼兴起，但十年间瑞典新建的小面积独栋住宅仍有335000套。

内饰

- **地板**：带图案的塑料地板较普遍，铺有地毯，刷有清漆的松木地板也比较常见。前厅和潮湿的房间会铺瓷砖。
- **内门**：有门板、门楣、门把手全用塑料材质的室内门，也有风格质朴的实木门。
- **门把手**：有各种颜色的塑料门把手，也有黄铜质地的门把手。锁孔设计更加简化。
- **壁炉**：因石油危机和核电的兴起，大多数房屋开始使用电力加热，壁炉不再流行。
- **墙纸**：大图案墙纸、仿织物墙纸和丝绒墙纸开始流行。
- **照明**：装饰有流苏的天鹅绒灯罩台灯开始出现。瑞典灯具品牌阿特丽林克唐（Ateljé Lyktan）设计出品的布林吊灯（Bumling lamp）大受欢迎。
- **家具**：多为松木家具，经染色或清漆处理。温莎椅（Windsor chair），沙发低矮而柔软，配有较大的靠垫和靠背，灯芯绒面料。绿色、棕色和橙色为流行色。
- **浴室**：木制橱柜较为常见。开始出现马桶盖套和马桶圈坐垫、浴室地垫。马桶和淋浴间有间隔。由于石油危机，为了节约能源，淋浴房逐渐取代了浴缸。褐色和米色瓷砖较为常见。塑料用品广泛使用。
- **厨房**：彩色瓷砖较常见。橱柜风格质朴，通常是木制门把手搭配塑料旋扭。水槽上方的防水板的瓷砖结构由两层改为三层。

二十世纪八十年代
后现代主义

外观

- **外墙**：石灰砂岩外墙和灰泥外墙较为常见。
- **屋顶**：屋脊铺有灰色混凝土波形瓦。
- **窗户**：双扇窗，玻璃窗上有仿推拉窗的内窗框装饰。
- **外门**：油漆木门。
- **体现时代特征的细节**：带有美式平房的特点，有飘窗、弧形拱门和室内立柱。

内饰

- **地板**：仿天然纹理的瓷砖地板或镶木地板，铺油毡垫。
- **内门**：漆成白色的镶板门或平开门。
- **门把手**：复古的黄铜把手，独立门锁。
- **壁炉**：独立式金属壁炉。
- **墙纸**：墙壁通常粉刷成白色或贴色彩柔和的浅色墙纸。
- **照明**：陶瓷灯具较常见，镀铬质地的大型落地灯开始流行。
- **家具**：雕塑工艺品较常见。刨花板的大量生产推动了组装家具的发展。经常可以看到转角沙发、真皮沙发和玻璃茶几。纺织图案和家居装饰中，薄荷绿、杏仁色、绿松石色等鲜艳明快的色彩成为主流。镜面墙、吊扇、陶瓷雕塑、藤条椅、水床和多层窗帘开始流行。
- **浴室**：大理石瓷砖和彩绘瓷砖较普遍，地板和墙壁上的防水工艺更为先进，多为独立淋浴间。
- **厨房**：灰色调和白色调为主。料理台多采用大理石面板或层压板，配有陶瓷炉灶和微波炉。

二十世纪九十年代

新现代主义 / 混搭主义

外观

- **外墙**：木质板材外墙，其灵感来自十九世纪九十年代。
- **屋顶**：多为传统的波形瓦屋顶或金属板材屋顶。
- **窗户**：带有经过喷砂处理的木制边框，并配有用来装饰的挡风板。
- **外门**：防风防雨的 UPVC 板材门。
- **体现时代特征的细节**：各种板材会混搭使用，带有木制装饰品的山墙开始出现。

内饰

- **地板**：多为松木、桦木和红色木料（比如樱桃木或染色的橡木）制成的实木复合地板。
- **内门**：模压门和嵌有圆形窗户的平开门。
- **门把手**：复古的黄铜材质，搭配陶瓷把手。
- **壁炉**：壁炉门是透明的耐高温玻璃。壁炉搭配有玻璃底板。
- **墙纸**：墙壁多用海绵粉刷。仿手绘图案的墙纸开始流行，多以水果为主题。靛蓝色、深红色和赭黄色成为主流。
- **家具**：皮革外罩的金属材质家具、带小抽屉的矮柜和边桌、家用影音设备、豆袋懒人沙发、褶皱布艺灯罩的台灯、金属烛台等装饰品、干花等较常见。
- **浴室**：装饰精美的瓷砖和彩色的防潮垫较常见。二十世纪末，浴室墙面的瓷砖也呈现不同的色彩。
- **厨房**：橡木橱柜开始普及，彩色瓷砖和马赛克瓷砖较为常见。白色不锈钢厨具也迅速普及。内置烤箱开始流行。多安装有电磁炉。

二十一世纪初

新现代主义 / 千禧年

外观

- **外墙**：多用硅胶漆粉刷，质地轻薄，表面光滑。榫槽墙板或过油的硬木板材也较常见。
- **屋顶**：锌板质地，斜面和平面都有。
- **窗户**：使用粉末涂料的铝合金窗框，窗户完全嵌入外墙。
- **外门**：硬木门，镶嵌有圆形或矩形玻璃窗。
- **体现时代特征的细节**：大面积使用木质板材。房屋开放式布局，线条简洁，带有全景式落地窗户和浅坡屋顶。

内饰

- **地板**：实心木地板和镶木地板。
- **内门**：带玻璃板，桦木质地，用清漆涂刷。
- **门把手**：拉丝钢门把手，独立门锁。
- **壁炉**：砖砌壁炉，壁炉门是玻璃材质。悬挂壁炉开始出现。
- **墙纸**：多为粉刷墙壁或贴墙纸。咖啡色、米色和浅褐色成为主流。
- **照明**：天花板嵌入式射灯。
- **家具**：轻盈清新的风格或者新北欧风格较常见，由于中等价位的丹麦设计备受追捧，涌现了许多新的家居设计公司，比如木托（Muuto）、海伊（HAY）、诺曼哥本哈根（Normann Copenhagen）、费曼家居（Ferm Living）、传家（&Tradition）。浅金色系、磨砂表面、强调细节的家具开始流行。注重腰部设计、带有宽大靠背和凸出扶手的沙发椅和扶手椅兴起。塑料编织毯、过道地毯、壁挂式平板电视、吊顶式投影仪和家庭影院开始普及。
- **浴室**：装饰马赛克立柱的淋浴间、壁挂式马桶、大顶喷淋浴花洒、地暖、毛巾烘干架开始变得普遍。
- **厨房**：涂有亮光漆的橱柜、耐用复合型材料的料理台台面、白色不锈钢器具、防溅的玻璃面板和墙纸，这些较常见。

二十一世纪一零代
个人主义

外观

- **外墙**:多为白色、黑色或灰色。大型独立住宅、联排房屋和半独立住宅成为主流。新英格兰风格也开始普及。
- **屋顶**:马鞍形屋顶。走廊上是金属屋顶。有的屋顶带天窗。
- **窗户**:经过喷绘处理的玻璃窗。不对称开窗兴起。
- **外门**:复古庄园风格的外门。乡村风格较为常见。
- **体现时代特征的细节**:L型和H型结构房屋,美式门廊,温室或阳光房,木制露台和玻璃护栏挡板,带木地板平台的游泳池。

内饰

- **地板**:木地板、镶木地板和混凝土地板较为常见。人字形镶木地板的工艺得到简化。铺设带图案的地砖,比如摩洛哥风格的地砖。长条木板很受欢迎,比如花旗松。
- **内门**:平开门或带有凸出门框的夏克式风格门。
- **门把手**:多用铬铜或黄铜材质。多种金属和皮革制成的门把手和配件较常见。
- **壁炉**:砖砌壁炉,带有玻璃壁炉门。还有钢制炉和造型复古或现代的无烟囱生物乙醇炉。
- **墙纸**:墙壁多刷成灰色、米色或深色。设计讲究个性。英国艺术家威廉·莫里斯的设计图案备受追捧。
- **照明**:禁止使用白炽灯。
- **家具**:带亚麻套或天鹅绒套的沙发、质地柔软的床头板较常见。大理石、黄铜、铬铜、原木和皮革等材质均有运用。复古家具和基于传统样式的改良家具受到追捧。个性化的装饰较为流行。
- **浴室**:箱式洗脸池、壁挂式橱柜、金属腿的梳妆台开始普及。台面多为大理石材质。带有集成LED照明设备的落地全身镜。嵌入式地漏,设计科学的排水系统。
- **厨房**:灰色调为主。开放式置物架逐渐替代橱柜。配件多样化。黄铜水龙头开始流行。带有夏克式风格的特征也逐渐趋向普遍。

风格混搭

如果同时喜欢好几种装修风格，该如何取舍呢？如果房屋呈现的特色不合心意，或是与合租的房客品味不同，或许可以考虑利用混搭的方式解决问题。

当然，最终做决定的人是你自己。想要糅合的风格越多，面临的挑战也越大。不过既然选择面对现实，接受挑战，在实践中还是有不少技巧和窍门可以参考的。

主导和辅助

从两种风格中各取一半，生硬拼凑在一起显然不是个好主意。我们可以将一种风格作为主导，让另一种风格作为装饰来增加情趣。比例定为 8 : 2，而非对半开。在基本家具的风格上保持一致。基本家具，即价格较高、很少更换的必需品（比如书柜、餐桌、床等）。利用细节部分更多体现个人品味（比如艺术品、摆设、装饰性照明等）。这样，即使之后进行小幅度的添加或减少，也不会破坏整体效果和印象。

风格三角形

如果你喜欢三种装修风格，那么 8 : 2 的分配比例显然无法满足需求，风格三角形应该是个不错的选择。风格三角形，即三种样式中由两种近似的风格占主导地位，另一种成为点缀。比如将斯堪的纳维亚简约风和日式极简主义定为主要基调，再融入少量的乡村风格作为点缀。当然，你也可以利用这一方法加入更多风格，但注意不要超过五种，否则很有可能造成混乱模糊、主题不明的印象。

色彩统一

在整合多种风格时，采用统一的色彩主题也是不错的方法。这样能最大程度地减少冲突，营造和谐感。

分散不集中

如果将不同的元素集中在一起，各种风格会相互碰撞，带来强烈的视觉冲击。但如果将这些元素分散摆放在房间各处，整体效果会更好。

和谐的氛围比统一的风格更重要

就算设计细节和外观不匹配，我们同样可以在房间内营造出和谐的氛围。例如，如果想要营造放松悠闲的氛围，应尽量避免摆放过于规矩刻板的家具。

视觉干扰

背景里的噪音、单调重复的频率或令人不安的声响都会对我们的生活造成很大干扰。睡觉时，房间里恰好出现了一只嗡嗡作响的蚊子，你大概会不胜其烦。但很多人没有想到的是，同理，我们的视觉也很容易受到干扰。无论房间内家具和装饰的数量有多少，总会有一些细节引起不适。

我们不妨静下心来，仔细观察四周。

有没有什么东西对你造成干扰，但你却从来没有意识到？我并不是指房间的凌乱或拥挤，或是某一堆尚未处理的垃圾，而是某件家具的摆放位置、某种色彩或某个装饰细节。

在听觉受到干扰时，我们通常会立刻有反应，采取行动。比如调低音量，关闭声源，或者紧闭房门以阻隔那些令人不愉快的谈话声。然而在涉及视觉干扰时，我们常常无动于衷，不会做任何干预或改变。

所以，我们不妨问问自己，在居住的环境中是否有觉得碍眼的东西。而一旦做出调整或改变，你一定会对整体舒适度的提升感到惊讶。造成视觉干扰的东西可能是一只丑陋的花瓶，你之所以保留至今，不过是因为它来自亲戚的馈赠，你不愿意伤了感情；也可能是橱柜里一只积满灰尘的碗，只有在圣诞节聚餐时，你为了讨母亲的欢心才会拿出来使用。

如果你每次看到这些东西都会有意无意地产生负面情绪，那么是时候把它们卖掉或者送人了。应该保留让我们心情愉悦、精神振奋的物件，包括储物柜里那些看不见的藏品。

镜头中的窍门

你想用全新的视角打量自己的家吗？使用手机摄像头是一个非常实用的办法。我在前面关于焦点的部分曾经提到过这点。通过镜头观察室内环境时，视野比实际看到的更清晰和全面。这可能是因为，拍照时我们只能对焦于某一点，从而避免了全方位审视房间。

我无法解释其中的原因，不过在现实生活中，感觉模糊和不确定的物体会在静止图像中突然变得清晰，这是不争的事实。正如相机可以帮助我们捕捉到许多肉眼难以察觉的细节。

在为客户挑选样式时，我会用手机拍照记录。这一技巧同样适用于设计自己的家。就算每天都去同一家超市采购，面对货架上琳琅满目的商品，我们还是难以记住它们摆放的位置和顺序，而要迅速做出准确的选择更是难上加难。因此，你不妨在手机里建立一个专门的相册，存储每个房间的照片。

想试试看吗?

　　拿出手机,清洁摄像头。在日光充足的时候,为每个房间拍摄至少五张照片。这些照片应该是宏观的,能够反映出最真实的角度(如果你对电视柜和墙壁之间的空隙有意见,不妨从沙发的角度拍摄一张)。此外,还可以拍摄一些体现细节的近景照片。将这些照片储存在专门的相册中,以便随时浏览,然后逐张进行分析:照片的构图给人感觉如何?是否使用了三分法?该房间是否适用 60/30/100+B/W 的配色技巧(关于这一技巧,在"色彩搭配"那部分内容有更详细的介绍)?是否可以适当添加或减少,以符合奇数法则?

色彩搭配

　　无论选择哪种设计风格、预算多少，房屋内部的色彩都是决定居住体验的一个重要因素。对色彩的主动或被动选择贯穿了整个室内设计的过程，可以说色彩搭配和设计的每一个环节都紧密相关。有的人觉得颜色越少越好，也有的人喜欢五彩缤纷，无法想象没有色彩、图案和墙纸的居住环境。无论你的喜好如何，在色彩搭配中都存在不少技巧可供借鉴。在本章中，我会试着简要说明色彩的基本知识和原理，帮助你更轻松地做出判断和选择。

颜色挑战

在室内设计过程中，很多人或许在其他方面信心十足，可一旦涉及颜色的问题就立刻乱了阵脚。"我想在生活空间中加入更多色彩，又不愿显得凌乱无序，该怎么做才好呢？"作为一名博主，这些年我收到了成百上千个类似的问题，小到一个房间，大到整个住宅，求助的读者始终无法给出令自己满意的色彩方案。我本人也有过类似的困境，在找到满意的色彩方案前，也经历过很多次失败。

在室内设计中，色彩大概是和我们关系最为密切的因素。我们通过不同方式感知色彩，同时周围环境也影响着色彩呈现的效果。同一个房间里，同一种色彩完全可能给人截然不同的感受，白天的光线、傍晚的光线、家具和地板的颜色、灯光的亮度，这些因素都会影响色彩呈现的效果。

我们不得不承认，找到自己喜欢并感到舒适的颜色需要一定的时间和耐心。不过一旦成功，得到的收获也相当丰厚，相当于你拥有了一块属于自己的、独一无二的调色板。在挑选色彩时，你就可以忽略市场上的流行趋势，完全依照自己的需求而定，避免陷入营销套路，减少失误，节约成本。

色彩原理

科学家艾萨克·牛顿是色彩理论的奠基者。牛顿在实验室观察到，日光穿透三棱镜会投射出彩虹光谱，他进一步分析出光学本质，对各种颜色之间的联系进行了现代理论阐述，并将得到的颜色首尾相连，创造出第一个色环（色彩系统）。这一发现让我们不仅对色彩有了直观的认识，也对光线和色彩的相互作用有了更深入的了解。

如今，基于不同的色彩理论，更多的色彩系统应运而生。

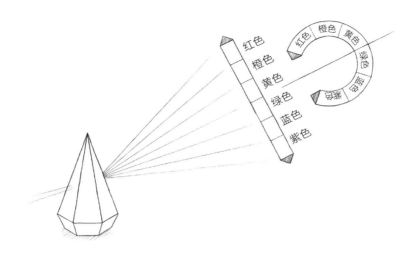

加色混色／光学混色

三原色光模式，将红、绿、蓝三原色以不同的比例混合，可以产生多种多样的色光，主要应用于数字显示器中。

减色混色

印刷四分色模式，彩色印刷时采用的一种套色模式，利用色彩的三原色（青色、品红色、黄色）混色原理，和黑色油墨（黑色）混合叠加而成。

基于感知的色彩系统

以自然色彩系统（NCS）为例，它的基础并非颜色成分或光谱分布等物理特性，而是人们对颜色的感知体验以及色彩的视觉特性。自然色彩系统的基础色为黄色、红色、蓝色、绿色、白色和黑色。在自然色彩系统的主页（https://ncscolour.com/ncs/）上，你可以了解到这一符合瑞典标准的色彩设计工具的更多信息。这一系统还被广泛应用于油漆粉刷中。

为了更好地阐释色彩系统的构造和原理，我将借用色彩学大师约翰·伊登的十二色环理论。十二色环理论是我们在小学就熟悉的知识，也是艺术领域中色彩调和与搭配的灵感来源。尽管它在现实生活中欠缺实用性，但优点在于好理解。感兴趣的话，你可以深入了解更多相关理论，并结合设计的项目，敲定一个令自己满意的色彩搭配方案。

原色

红色

蓝色

黄色

将任意两种原色混合，可得到二次色绿色、橙色和紫色。

二次色

红色 + 蓝色 = 紫色

黄色 + 蓝色 = 绿色

红色 + 黄色 = 橙色

将任意一种原色和任意一种二次色混合，可得到六种新的颜色，称为"三次色"。

三次色

红紫色

蓝紫色

蓝绿色

黄绿色

黄橙色

橙红色

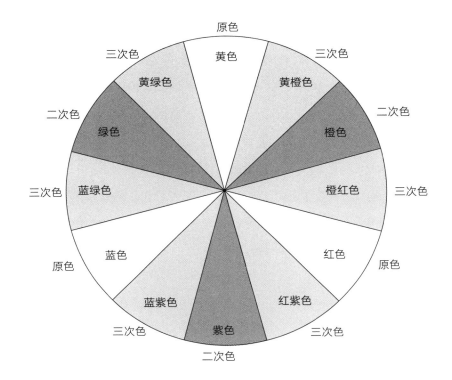

色环

色环由以上十二种颜色构成，体现出颜色彼此之间的关系。哪些颜色融合得相对较好，哪些颜色容易形成竞争关系（处于色环直径对立两端的颜色称为"对比色"或"互补色"），从中不难看出。

中性色

白色、黑色和灰色常被称为"中性色"，并不存在于色环中。通过将中性色融入原色、二次色和三次色中，可以创造出大量具有细微差别的色彩。

互补色

色环中，呈现出强烈对比的两种颜色称为互补色。例如黄色和紫色、蓝色和橙色、红色和绿色。互补色搭配时，会进一步强化彼此的视觉效果。比如，比起和黄色搭配在一起，红色在绿色的衬托下显得更鲜艳明快。

暖色和冷色

色环中，黄色到红色的部分为暖色，蓝色到绿色的部分则为冷色。其实，一种颜色可以同时具有冷暖双重属性。比如，红色色相在融合大量黄色色相或趋向于黄色的时候，表现出强烈的暖色属性（比如橙色），但在融合大量蓝色色相的时候，又变成冷色（比如酒红色、紫色）。同理，绿色色相在和黄色色相结合时趋向于温暖舒适的暖色（比如橄榄绿），而和蓝色色相结合时又成为清爽稳定的冷色。

配色方案

配色是一个比较模糊的概念，很多人自以为清楚它的含义，但事实并非如此。这里，我将对配色做简要的阐述。

所谓配色，不仅在于为墙面和地板选择视觉层面的颜色，还要有意识地为住宅选择颜色，大到家居用品，小到配饰和细节。设计时，室内设计师很少只使用一种颜色，而是会提出含有多种颜色的配色方案，以获得理想的风格和效果。

因此，室内设计时，我们不妨通过以下方式简化决策过程。我们可以利用色卡，熟悉自己所能选择的颜色代码；在粉刷之前，先不必急着大量采购涂料，可以买一些样品进行测试。我们同样需要考虑家具的搭配和室内的采光，包括纺织品和布艺颜色的选择，这些都会影响到色彩呈现的效果。简而言之，我们不仅需要了解颜色本身的属性，也要顾及环境对颜色的影响。

颜色代码

为了更好地运用色彩，室内设计师、画家、艺术家和生产商一直致力于对色彩进行分类和命名。不同的生产商对颜色有不同的称呼。而室内设计师在谈到颜色代码时，通常指某一种混色效果，或是为了达到该效果所选用的特定色。

色彩系统

自然色彩系统在室内设计领域知名度高、应用最广泛。该系统源于瑞典，在世界各国的工业色彩、材料生产、建筑和设计等领域均有应用。室内设计方面，国际上多采用潘通色卡，而金属生产行业则多采用德国的劳尔色卡。

随时保存

- 粉刷墙壁时牢记油漆的颜色代码，将它记录下来！
- 剩余的涂料可以存放在密闭性好的铁皮罐中，在覆盖钉孔或修补瑕疵时能够用上。

调色板

我们可以运用色环，为住宅确定调色板。以下列出了一些常用的色彩搭配方案。切记，选择的色彩系统不同，最终的效果也会有所差异。

近似色色板

从色环中选取一种颜色及其相邻的颜色。近似色色板较为容易获得。当面临较大的不确定性时，不妨用近似色色板作为模型。

互补色色板

从色环中选取一种颜色及其位于另一侧的互补色。

三色色板

三色色板由色环中等距的三种颜色构成。三色色板的变化类型较多，使用起来较为复杂。

相邻互补色色板

选取色环中的一种颜色，以及与其互补色相邻的两种颜色。将这三种颜色组合在一起。

矩形色板

从色环中选取一种颜色及其互补色，然后选取相邻两格的另一种颜色及其互补色，组成矩形色板。

巧用艺术品

我们可以从喜欢的墙纸或艺术品中更快地获得配色灵感。对于缺乏色彩敏感度的新手而言，这很实用可靠，因为艺术家已经帮你完成了最困难的部分。

选定喜欢的一幅画或一张墙纸（不一定是打算使用的，尽管使用它们可能会让你的设计锦上添花）。对其颜色的种类和比例进行分析，找到颜色搭配的线索。你还可以拍下图画或墙纸的照片上传到电脑，利用专业的色彩分析工具进行识别，或者带去油漆店请专业人士帮忙。

自然界的百科全书

我们也可以借鉴大自然中丰富的色彩搭配，比如蝴蝶的翅膀，树干的纹路，甚至一块不起眼的灰白色石头。研究这些细节，你可以获得有用的配色想法和灵感。或许你会觉得，"大自然是最好的艺术家"这句话未免有些陈词滥调，但是许多设计师和建筑师都源源不断从自然界汲取灵感。你不妨穿上一双舒适的鞋子，前往森林、山野或海边漫步，在那里，你一定会发现惊喜。

随着科技的进步，电脑已经能够帮助我们分析一张图片的颜色代码。你可以在互联网上搜索"扫描颜色代码"或"颜色识别"等关键词，下载相关的应用程序。

60/30/10+B/W 法则

为住宅加入更多色彩时，很多人往往会感觉这些新添加的元素容易显得格格不入，难以融入原有的环境。例如，将一些五颜六色的靠枕放在白色沙发上，它们往往无法与其他家具的风格达成统一，占据了所有吸引力，就好像一个麻烦不断的客人，最后只能被不胜其扰的主人驱逐出门。造成这种状况的原因在于做法过于草率。与其将它们全部丢弃，不如添加更多色彩元素，五颜六色的靠枕需要更多色彩缤纷的伙伴和细节以缓解它们与白色沙发所形成的对比与冲突。简单来说，想要获得完全不同的效果，不妨放弃删减和替换的做法，改为添加和扩展。

60/30/10+B/W 是一条基于黄金分割比例的配色法则，适用于多种颜色的完美配比，能够在色差中建立巧妙的平衡。在上述情况下，如果采纳这一法则，就可以有效避免彩色靠枕喧宾夺主的局面。一名绅士的着装搭配，也可以运用到这一法则：

- 60% 夹克、西裤、背心

- 30% 衬衫

- 10% 领带、口袋巾

颜色的比例和搭配

根据 60/30/10+B/W 法则，我们可以按以下比例为房间配色：

- 60% 的区域由一至两种主色调构成。

- 30% 的区域由主色调的近似色（不形成强烈对比的颜色）构成，起到突出和强调主色调的作用。

- 10% 的区域由一至两种互补色构成。

- B/W 代表小部分黑色或白色的细节。这两种颜色有助于衬托其他颜色，非常重要，可以说是"点睛之笔"。

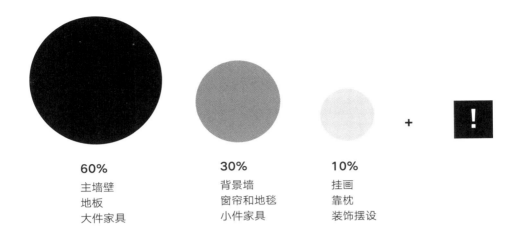

60%
主墙壁
地板
大件家具

30%
背景墙
窗帘和地毯
小件家具

10%
挂画
靠枕
装饰摆设

　　该配色法则不仅适用于鲜艳明快的颜色，在色调柔和或颜色单一的房间同样适用。只要将具有细微差别的色彩按照比例分配，就可以在创造活力的同时，获得良好的平衡感。

给新手的黑白配色方案

　　有的人喜欢白色、灰色等中性色，在生活中偏重选择这些颜色；有的人则是因为在颜色选择方面感到困难，将中性色视为安全牌。如果你属于后者，在使用白色或灰色时，不妨寻求一些专业的指导。

　　对于态度谨慎的新手而言，色彩专家达格妮·瑟曼·摩尔提出了一个很好的建议：由于黑白灰三种颜色并不在色环范围内，因此用白色或灰色打底，必然会和其他颜色形成强烈对比。一个最简单的规避风险的方法是，加入一点自然的元素——绿色植物或原木材料，以弱化白色或灰色的中性感，更好地包容其他颜色。当然，你也可以选择走一条捷径，即将墙面涂成灰白色，以便其他颜色能够自然地融入其中。

最容易上手的颜色莫过于自然界的三种主色：绿色、蓝色和棕色。自然万物都离不开森林、天空和大地，因此这三种颜色成为百搭的选择，还会赋予中性的白底或灰底意想不到的光彩，使之更为优雅和美观。如果从其中一种主色着手，则完全不用担心契合度和适应性的问题，放心大胆地将它应用于室内设计中即可。

更为稳妥的做法是，选择一种主色，然后掺杂些许黑色或灰色元素。这样做能使其向黑白灰底色的过渡更为自然，减弱对比，强化整体和谐。

配色时，我们最常犯的错误是选择的颜色太少，即在一个房间内所运用的色彩种类远远不足。比如，我们会在白色沙发和灰色地板的基础上添加两只蓝色靠枕，或在茶几上放两只蓝色烛台，止步于此。这样做会让房间趋于二维平面化，缺乏立体感。

色彩搭配的关键在于，在保持一致和谐的基础上不要过度累赘。根据60/30/10+B/W 法则，我们可以在同一房间内选取七至九种色调，比如用深浅明暗不同的蓝绿色替代单一的蓝色或绿色。

颜色代码陷阱

我在 Instagram 上最常碰见的一个问题是："这种颜色的代码是什么？"这个问题并不难回答，但我想解释的是，在为室内墙壁选择颜色时，我们为何容易陷入颜色代码的陷阱。

我们先从两个重要概念谈起：本身的、概念上的颜色，即涂料制造商提供的色彩；认知的、感觉上的颜色，即视觉层面感受到的色彩。影响认知颜色的因素很多，包括家具、墙壁、地板和装饰品的色彩，房间的照明情况（光照强度和室温），采光，等等。色差，即同一种颜色在概念和感觉之间的差异。

需要指出的是，在众多影响色差的因素中，最重要的是自然光。以两所住宅为例，纵使其他因素可以做到完全一致，但窗户的朝向、房屋的选址和自然光的变化无法做到完全相同。朝北的窗户往往会使房间感觉更为阴冷，而朝南的窗户则给人温暖的感觉。因此，就算两所住宅选择了一模一样的颜色，营造出来的氛围也可能有所差异。

光泽度

粉刷时，除了要确定颜色外，还要确定油漆的光泽度，这对达到预期效果同样至关重要。但实际上大多数人都忽略了这一点。同一种颜色，亚光涂料和亮光涂料呈现出来的效果可能完全不同。

> 亚光的黑色涂料不会显得特别黑，因为黑色的层次感往往需要借助光线才能体现出来。

涂料表面对光的反射能力被称为光泽度，以 1 至 100 来衡量，1 表示亚光，100 表示亮光。亚光涂料表面容易吸收光，所以光泽度低的颜色看起来较为暗沉；亮光涂料表面比较容易反射光，光泽度高的颜色看上去较为明亮。由于亚光涂料的表面吸收了我们眼睛有赖于感知色相的重要光线，因此相比之下，光泽度高的涂料呈现出的颜色更为鲜艳明快。

亚光墙面色

优点：更具包容性，易于遮掩缺陷，给人以平和安定的感觉。

缺点：耐用性差，容易形成污垢，积聚灰尘，不易清洁。

亮光墙面色

优点：更易于保持干净，容易清洁。反射更多光线，显得更为明亮。

缺点：容易暴露墙面的不平整和瑕疵。

光泽度参考

- 亮光（90-100）：适用于木材、金属及容易脏污磨损的表面。

- 平光（60-89）：适用于地板和橱柜门。如今，平光涂料已经不再常见。对于水性涂料而言，其光泽度远远不及溶剂型涂料（油漆溶剂油、松香水）。

- 半平光（30-59）：适用于地板、家具，以及木制门、窗框、板条等。

- 半亚光（11-29）：适用于容易沾染污渍的墙面，比如厨房、走廊和儿童房的墙面，易清洁。

- 亚光（6-10）：适用于客厅和卧室，一定程度上能够擦拭和清洁（难易程度取决于涂料的类型）。

- 全亚光（0-5）：适用于想避免产生反光的表面，比如天花板，但不适用于厨房和潮湿的房间。

更多技巧！

- 高光泽度涂料的颜色越深，呈现出的效果越好。

- 潮湿房间必须选择防水性强的涂料，而这些涂料往往需要经过严格检验和认证。就此问题可以咨询专业的油漆商，他们会帮助你做出正确的选择。

- 用于金属表面的涂料必须具备较高的耐热性。

- 质地坚硬的混凝土地板，建议选择双组分涂料，其光泽度数值为 50 至 90。

- 光泽度为 5 的可水洗涂料，可用于墙面和木制品。

粉刷前，务必要试色！但我不建议直接在墙壁上进行试色（在相邻区域涂抹不同的颜色），一来混淆视觉、干扰判断，二来很难把握整体效果。你可以将样品涂抹在木板或卡片上，然后放在墙面上观察。

试色时，找准合适角度的光线也尤为重要。记得整体涂刷两次，以完全覆盖住原来的颜色，并使涂料均匀分布。根据你的日常习惯选择光线，如果白天在房间内停留时间较多，则以日光为主，反之则以灯光为主。

同色异谱

同一组颜色，在不同照明条件下呈现出不同效果，这种现象称为同色异谱。在挑选纺织品和墙面颜色时，将同色异谱现象纳入考量极为重要。购买沙发前，切记索要沙发面料的样品，以便提前在相应的照明条件下观察布料的颜色。带有布艺织物的软体家具往往需要提前预订，且配送时间较长，如果只在商店的照明环境中进行判断，很有可能收到沙发时会失望。家具零售商通常会免费提供面料样品供顾客参考，如若不然，也可以购买同面料的沙发靠垫回家进行测试。

白色

对于那些对颜色不够敏感的人来说，白色墙壁似乎是最简单的选择。但实际上，白色同样具有不同的色调，且极易受周围环境的影响。

米白色油漆既能呈现暖色调的效果，又能体现冷色调的特质，因此比纯白色更常见。至于应该偏哪个方向，完全取决于你想要的效果、室内的光线条件以及希望营造的氛围——当然，还有和白色搭配的颜色。

欣赏杂志上白色主题的室内设计图片时，你应该意识到，图片上呈现出来的白色调往往不够准确。通过调节相机的白平衡，摄影师可以改变同一张图片里不同的白色调，使之在杂志彩页上显得更均匀和谐，再加上纸张的影响，颜色也会出现偏差。

冷和暖

白色涂料并不是纯粹的白色，不然容易晃眼。在调配白色涂料时，通常会掺杂少许黑色或其他颜色，以调节色调的冷暖，适应不同的需求。当和其他冷色调涂料（如蓝色、绿松石色、紫色）或冷色调金属（如银、锌）搭配时，白色往往能够呈现出最好的冷色效果。要想调配出偏暖的白色，则应反其道而行之，混合暖色调的涂料（如红色、橙色、黄色）或与暖色调金属（如金、黄铜）搭配。

中性白 -NCS 颜色代码 S 0500-N

也称"粉笔白"，并非纯白。中性白掺杂了 5% 的黑色，但不包含传统白色家具中使用的黄色色素。因此，它能够呈现出更为中性的白色。

斯德哥尔摩白 -NCS 颜色代码 S 0502-Y

"斯德哥尔摩白"这一概念源于二十一世纪最初的十年间，是一种在斯德哥尔摩内城占据主导地位的明亮清新的色彩风格。艺术家尝试向白色涂料中添加少许其他颜色的色素，使之具备更强的遮盖性和更稳定的色泽。不喜欢这种颜色的人认为，由于包含黄色色素，这种白色有一种烟熏的陈旧感；而喜欢的人则表示，正是暖色调的黄色色素，给予了斯德哥尔摩白温暖的特性。

纯白 -RAL 颜色代码 9010

金属材质的窗户常常采用偏黄的白色调,在劳尔色卡（RAL）中称为"纯白"。由于劳尔色卡和自然色彩系统分属两个不同的体系,有的专业人士认为,斯德哥尔摩白是最接近劳尔色卡纯白的颜色。也有人认为,劳尔色卡的纯白比斯德哥尔摩白要更纯粹干净，更能体现品味。

天花板白 -NCS 颜色代码 S 0300-N

天花板所使用的白色涂料通常比墙面所使用的更白，掺杂了 3% 的黑色色素。人们通常希望天花板显得比墙壁更为明亮，以支撑起整个房间。天花板多使用全亚光的白色涂料（光泽度 3）。

标准白

工厂统一生产的木条框、门框和门大多采用斯德哥尔摩白，因此斯德哥尔摩白曾经也叫"标准白"。很长一段时间内，它一直是宜家家具的标准色。由于包含五个单位的黑色色素和两个单位的黄色色素，标准白呈现出的效果更偏暖色调，这给使用粉笔白或浅灰色墙面的住户造成了一定困扰。如果用标准白的门框搭配粉笔白的墙面，那么两种颜色都会呈现出最糟糕的效果：门框看上去是黄色的，而墙面看上去则是蓝白色的。

如今，工厂出产的白色家具有了更多的颜色选择,因此在选择时也要更慎重。切记千万不要为门和门框选择一种白色，而墙壁和大件家具选择另一种白色。

如果将白色定为室内设计的主色调，还要尽量考虑方方面面的细节。比如墙上的白色开关和插座，它们的色调也会影响整个墙面的和谐统一。

不同地理方位下的白色

在北半球朝北的房间里，日光往往带有微弱的蓝色，因此将墙面粉刷成白色，视觉上则会产生靛青或紫色的效果。如果你选择的白色涂料中掺杂了一定程度的黄色，那么在蓝色的中和下则会呈现淡淡的绿色调。窗户朝南的房间日光更温暖柔和，因此，如果不想使墙面产生过暖的感觉，不妨在白色涂料中掺入一些冷色（比如蓝色、绿色），以平衡日光的影响。

影响白色的因素除了天气和日光，还有照明设备以及地板的颜色和材质。比如，偏黄色的木质地板（橡木、松木或白桦木）会进一步增强白色涂料中黄色色素的效果。

墙纸

除了墙面涂料，墙纸也能够为房间营造不同视觉效果和氛围。如今市面上可供选择的墙纸琳琅满目，在种类、产地和形态上千差万别。人们可以利用墙纸，在物理效果和视觉上改变墙面的结构。比如亚麻纹路的墙纸很容易造成视错觉，让人以为墙面上覆盖了一层布料；比如带有凸起编织装饰的海草纹路墙纸，会有一种粗糙的触感。

经验和技巧

挑选墙纸图案，我们可以从房屋的建筑结构和年代着手。无论你选择保留原有的建筑风格和年代特点，还是打算大胆尝试、突破创新，都应该了解并熟悉房屋建造时的相关信息。每一个时代都有其代表性的风格和样式，我们可以在这些经典设计的基础上融入现代元素，以适应当前的潮流。

房间的大小或墙壁的表面积同样对墙纸图案的选择有着重要的指导意义。一条经典的设计原则是：小房间，小图案；大房间，大图案。较大的图案往往需要更大的空间才能体现出完整的效果，所以在小房间内使用大图案墙纸会让房间显得局促。不过，我建议根据实际情况，在遵循原则的基础上适当变通。现代建筑大多采用开放式布局，如果为所有墙面都选择大图案墙纸，难免会给人造成混乱无序的感觉。当从远处观看时，小图案墙纸的花纹看上去并不明显，更像是一块纯色的背景，让摆放在前面的单个物品（比如一盏吊灯、一件家具）突显出来。大图案墙纸的花纹往往会比摆放在前面的装饰物件更显眼，从而降低装饰物的存在感。因此，如果要选择大图案墙纸，在家具和装饰物的选择上需要更大胆，才能平衡整体印象。

判断墙纸是否合适，除了考虑图案大小，还要弄清楚颜色。色彩越多，图案的视觉效果越复杂。如果家庭成员对墙纸的选择无法达成统一意见，不妨选择色彩简单、色调柔和的墙纸，弱化墙纸和周围环境的对比。如果你追求个性化，则可以排除单色墙纸，选择色彩鲜明、对比强烈的墙纸。

评估墙纸样品时不要离得太近。试着退后一步，想象墙纸图案在整面墙上呈现的效果，不要局限于一小块地方。利用电脑和互联网进行虚拟演示也不错，不仅可以模拟出整体效果，也可以通过搜索，参考其他人的成品。

大图案墙纸吸引人的视线，很容易成为房间内的主角，让人忽略了其他家具。

小图案墙纸低调沉稳，对于房间内的其他家具来说，像是一块恰到好处的背景。

房间之间的节奏转换

在为整个住宅挑选墙纸时，我们最好考虑到视线的走向。想一想，你能够同时看到哪些房间？房间内现有的墙纸也是重要的考虑因素，因为它们或多或少会影响到整体的效果。哪怕房间与房间之间的过道都是封闭状态，我们穿行其间时，仍然会对刚刚离开的房间留有一定印象。因此在设计时，我们应该有意识地利用墙纸的变化，调整房间转换时的节奏。

如果想要节奏更为缓和，可以在一个有着繁复图案墙纸的房间隔壁选用单色墙纸，或利用图案层次感的递减营造宁静的氛围，让心绪平和下来。如果想让情绪产生较大的起伏和跳跃，不妨选用高调而夸张的图案作为墙纸的主题，并且在房间与房间之间营造冲突碰撞的效果。

墙纸的选择完全取决于个人品味，不过，我们应该将着眼点放在整体格局而非局部图案上，保持理性和客观，这样才不至于在项目完成时，对最后的效果感到意外。

新手指南

如果你对色彩有极高的敏感度，那么挑选墙纸也许是件轻松愉快的任务。但对于新手来说，这项工程未免让人手足无措。一般来说，挑选色调浅淡的图案不会出错，给整个房间都贴上墙纸应有所侧重。我们通常建议从面积较小或使用频率较低的房间开始，如客房、客房卫生间或卧室的背景墙。

装饰墙： 整个房间内唯一贴着墙纸或粉刷颜色不同的墙。

边条： 用来把墙分隔成上下两部分，可以贴不同的墙纸。

护墙板： 通常用于装饰墙壁下半部分，而上半部仍用涂料粉刷或贴墙纸。护墙板的高度并不固定，但大多数情况下会遵循黄金分割比例，设在墙壁高度的三分之一处或三分之二处，很少设在二分之一处。

视觉效果和房间大小

　　和选择颜色一样，我们可以选择不同的墙纸图案来营造不同的视觉效果。利用视错觉，让原本较小的房间显得更宽敞，让原本空荡荡的房间显得更温馨。这里遵循的基本原理在上一章介绍过：利用线条的宽窄和方向、图案的大小和墙面颜色的明暗深浅，改变视觉效果。

图案混搭

　　当房间内有不止一种图案时（比如墙纸的图案、地毯的图案、家具和纺织品上的图案等），我们需要借助一些技巧将它们巧妙地搭配在一起，达到和谐。以下提供的只是可供借鉴的方法，并非绝对真理或法则。

　　1）首先，确定房间内分布有大面积图案的区域。通常是墙壁、大型软体家具（比如沙发、扶手椅）、有布艺纺织品（比如地毯、窗帘、床罩）的地方。

　　2）然后，考虑图案分布面积较小的区域。这些区域会因房间的功用而有所不同，可能是装饰性的靠枕或灯罩，也可能是烤箱手套、有图案的茶巾或托盘。

　　3）接着，选择需要进行搭配的墙纸和布料，试着将其图案进行分类：
　　　　- 有机图案（花叶等流线型图案）
　　　　- 几何图案（方正规整的图案）
　　　　- 纯色表面（颜色均匀的色块）

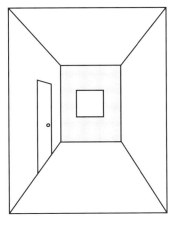

小效果 = 小墙面

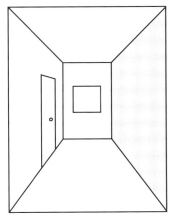

大效果 = 大墙面，第一印象

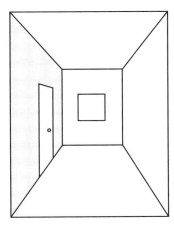

对比效果 = 门和边框留白

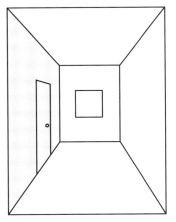

与门的图案一致

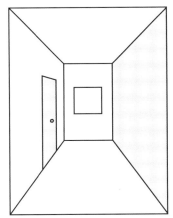

与门的图案互相呼应

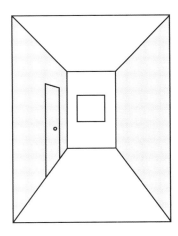

让房间看起来更狭长

将不规则图案与规则图案混搭在一起，通常能获得较好的动态效果。这里不妨参考并置理念。不规则的、多以曲线为主的有机图案和规则的、多以直线为主的几何图案搭配在一起，能够明显地增强彼此的视觉效果。而将两种相似的图案摆放在一起，则会弱化这种直观的对比，显得平淡无味。

在看过两种图案的混搭后，我们可以将目光转移到具有平衡感的色块上，获得更为协调和安定的体验。你可以从图案中挑选一种喜爱的颜色，将其呈现在较大面积的区域上，比如地毯、大件家具。总而言之，图案混搭的诀窍在于，从三种图案中寻找最优组合，达到增强彼此风格的目的。

有机图案／不规则图案示例

叶片

花卉

鸟类等动物的不规则图案

茹伊印花

佩斯利花纹

几何图案／规则图案示例

几何图形（比如三角形、正方形、矩形、菱形）

条纹

格纹

千鸟格纹

选择时，不妨适当改变图案的比例和大小，避免让所有图案呈现单一乏味的节奏。

4）一旦选定了墙纸图案，下一步就是确定焦点。让一种图案作主角，其他则作配角或映衬。一般而言，较大的图案在较大的平面上效果更好（比如墙壁、沙发、窗帘等能够完整呈现图案的表面），而富有细节感的小图案则适合较小的平面。

5）一切准备妥当后，就要进入紧锣密鼓的设计阶段了。想要营造出和谐感，重要的一点是，保证图案合理分布在整个房间内，而不是集中在一小块区域。如果你已经为背景墙选定了带图案的墙纸，那么请保证房间的另一头也有带图案的家具或装饰品，比如窗帘、地毯、灯罩、艺术品，从而达到平衡。

6）要记住，罗马不是一天建成的，找到图案混搭的最佳方式需要时间和耐心。如果你对某种图案爱不释手，但添加进去后又会破坏整体效果，我的建议是暂且搁置，等到合适的契机再使用它。

捷径

对新手来说，选用同一色系的不同图案进行混搭要简单不少，因为这样所呈现出的对比和反差不会太过强烈。同一种颜色在不同的图案中重复出现，会给人以平静而熟悉的感觉。

混搭图案的另一个技巧是，挑选同一位设计师的作品。尽管在设计过程中，人们会咨询不同的公司和设计师的建议，但最终结果往往趋向于统一的家具款式和家居风格。如果你是一个坚持自己品味的人，不妨参考某一位设计师的作品集，从中挑选出可组合的样本，再按照自己的想法进行搭配。

什么是图案拼接？

　　墙纸通常是窄窄的一小卷。因此，我们需要购置多卷墙纸才能铺满整个墙面。这时，我们必须考虑如何正确地拼接墙纸图案。墙纸图案的排列大致分为以下三种，图案的排列方式会影响到墙纸最终呈现的效果，以及需要采购的墙纸数量。

　　- 横向平行排列：图案均匀整齐地横向分布。

　　- 错位排列：图案错位，呈斜向分布。

　　- 条纹排列：无须考虑拼接。

条纹排列：图案怎样贴都
是对齐的，不用考虑拼接
问题。

横向平行排列：横向对齐
墙纸边缘的图案即可。

错位排列：图案错位分布，
拼贴时会有点浪费。

　　大多数墙纸商店都会免费提供墙纸样品，或以较低的价格出租墙纸图案的手册。获得这些材料后，你还需要结合房间内的照明和采光情况，从不同角度对墙纸效果反复观察。

墙纸上的装饰画

- 避免造成冲突，尽量与墙纸上的图案形成互补。大图案的墙纸往往适合静谧柔和的装饰画，小图案的墙纸则与主题鲜明的装饰画相得益彰。
- 利用显眼的边界突出画面主体。
- 用较宽的画框拉开墙纸和装饰画之间的距离。除了常见的白色画框外，还可以采用黑色、灰色或与墙纸形成鲜明对比的其他颜色。

颜色词汇

原色：黄色、蓝色和红色。

二次色：两种原色混合后得到的颜色，即紫色、绿色和橙色。

三次色：在色环中，将原色与其相邻的二次色混合后得到的颜色。

互补色：也称"对比色"，处于色环直径两端的两种颜色，能够形成强烈对比，强化彼此的视觉效果。

色相：色彩的外相，即我们常说的颜色。

色调：同一种颜色的相对明暗程度（明度或饱和度上的微妙差异，比如深绿色、浅绿色）。所谓相同色调，即代表色相中含有相同程度的黑色、白色或彩色。

单色：一种颜色。

色素：能使物体染上颜色的物质。

照明

想在房间内营造视觉效果和不同氛围，除了使用毛刷和颜料，我们还可以运用照明来实现。灯具的摆放位置、灯光的倾斜角度以及白天和夜晚不同光源组合的变化，这些都会影响房间内的照明。在本章中，我会介绍有关照明的基本知识，以及在设计中运用照明的技巧。

没有光，就没有归宿感

　　室内照明的目的并不复杂。经历过停电的人都知道，一个兼具功能性和舒适性的房间可以在多短的时间内变得混乱无序。照明的光线可以让我们看得清楚，而灯具摆放的位置和光线的强度可以营造不同氛围和意境。利用视错觉，我们可以突出喜欢的东西，有意识地弱化不满意的部分。然而，将照明问题认真纳入设计考量的人并不多，购置灯具时犯下的错误屡见不鲜。你所看中的，是灯具的造型，还是某个特别的功能？一个合适的照明灯具不仅要美观实用，还要能给周围的环境增色。

造型和功能

我常听到一个问题："这盏灯和我室内的设计风格搭吗？"提问者考虑的是灯具的造型和外观，而非功能和效果。

在室内设计中，但凡涉及照明问题，就必须兼顾设计性和实用性。房间哪些区域需要用灯光来加强？应该采用哪种照明设备？已经存在哪些光源？房间内的照明往往是一个相互配合的完整系统，如果只考虑一种灯具，忽略与其他照明设备的搭配，往往很难达到预期效果。

如今，市面上可供选择的灯具应有尽有，但关于照明知识的普及程度偏低。尽管前人已经孜孜不倦地进行了研究和尝试，发明出各种防眩光灯罩和护眼灯具，但出于时髦的考虑，大多数人仍然选择裸灯搭配电线。造型比功能更重要，这是我认为需要改变的观念。光线不足的房间会让人感到不适，甚至引起头痛、疲乏，因为我们要费力才能看清物品的细节。此外，在昏暗的光线下看东西会让人更难集中注意力，消耗精力和耐心。简而言之，合适的照明不仅有益于我们的视力，还能大幅改善我们的居住体验。

平面的光源不会在房间内产生动态效果。在开放的空间内，一束方向明确的光源可以创造出屏蔽周围环境的效果，特别在晚上，可以发挥背景墙的作用。

强化和混淆

利用灯光和阴影，我们可以对不同区域进行强调或弱化，衬托出焦点部分。因此，灯光的作用不仅仅是照明，更是强调和突出我们喜欢的东西，比如一幅装饰画、书柜上一个别致的细节、一件家具、建筑上的某个特点、墙纸的花纹。

置身商店，我们很难确定光线的走向。我曾经在杂志上看到，在照明器材店里挑选灯具，就好像在数码商店中同时打开所有音响去选购一款播放器一样，十分困难。

我的建议是，将灯具借回家，在具体环境中衡量照明的效果，或者仔细研究你选择的灯具产品的广告图片，一般都会展示灯具在室内环境中的实际效果。这两种办法都能帮助你了解光线的特质以及产生的阴影的类型。

5-7 法则

改善照明环境，最好从光源的数量着手。每个房间应该至少配备 5 至 7 个光源，有些房间光源的数量也可达到 7 至 9 个。

不妨在房子里走一圈，数数家里有多少光源，看看每个房间各有几盏灯，了解每盏灯的光照强度和分布情况。目前的布局，是否让每盏灯发挥到了相应的作用？理想情况下，除了灯具的数量外，我们还需要考虑照明的类型。看一看，你的家里是不是缺少了其中一类。

常规照明／固定照明：提供基本光源的日光灯或吸顶灯，在整个住宅内均有分布。

工作照明／功能性照明：放置在扶手椅或沙发两侧的阅读灯，厨房料理台配套的照明设备，以及写字桌上的台灯。

点光源照明：投射在重点区域的集中光源，突出艺术品、书柜或墙面的某一区域。

氛围照明／装饰性照明：氛围灯、调光灯泡、灯串、蜡烛。

扰人的阴影

阴影有时可以增添特别的气氛，但在工作环境中只会带来困扰和麻烦。因此，在规划和安装照明设备时，我们应该考虑到房间的实用性和功能性。以厨房为例，如果唯一的光源来自料理台后天花板上的吸顶灯，那么在烹饪时，投射在料理台上的光线可能正好形成阴影和盲区，因此需要在橱柜下方安装额外的照明设备。同样的情况也会出现在其他房间，比如车库、书房等。

直射光、间接光和漫射光

安装照明设备时，在直射光、间接光和漫射光之间找到平衡点同样至关重要。毫无遮挡的锥形光束，称为"直射光"。如果光线穿过灯罩被过滤后朝

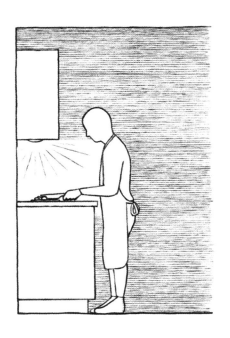
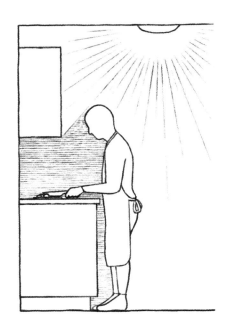

四面八方散射，则为"漫射光"。光源经过墙壁或障碍物的反射而形成的光线，称为"间接光"。

直射光 = 直射的光束

漫射光 = 经过灯罩过滤后的光

间接光 = 经过墙面或障碍物反射的光

直射和非直射

灯具发出的光线有两种，即直射光和非直射光。直射光能够最大程度地集中光线，适合用作功能照明和工作照明；漫射光或间接光这类非直射光则能使光线分散，适合营造气氛，用作装饰性照明。当面临选择又无法确定哪一种更能满足需求时，这一思路能够为你提供参考：如果想要阅读或做手工，直射光的落地灯效果最好；如果只想要达到烘托气氛的装饰效果，不妨选择漫射光的落地灯（比如带玻璃灯罩或布艺灯罩）放置在角落。

灯罩选择小技巧

- 和浅色灯罩相比，深色灯罩的透光性要差很多，光线大多从灯罩边缘向上或向下溢出。
- 带图案或小孔的灯罩会使光线不均匀地散射开来，并在房间内产生不规则的阴影。
- 彩色灯罩能够产生彩色的漫射光，比如红色的灯罩可以使整个房间变成红色。
- 彩色布艺灯罩的内衬若是白色，由于反射作用，彩色漫射光的效果往往会大幅减弱。

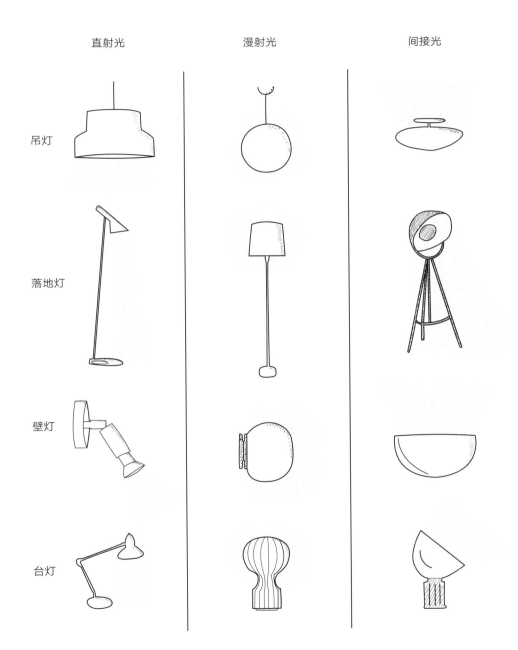

直射光　　　　　　漫射光　　　　　　间接光

吊灯

落地灯

壁灯

台灯

防眩光照明指南

　　设计合理的照明系统不仅要看灯具的数量，还要考虑安装的高度，尤其是餐桌上方的吊灯。如果灯具离桌面太远，我们就座时，可能会因光源产生的光线过于微弱而感到眼部不适。如果灯具距离桌面太近，我们起身时又有

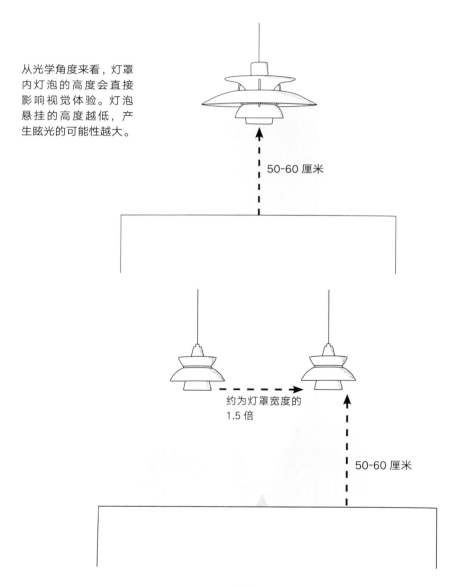

从光学角度来看，灯罩内灯泡的高度会直接影响视觉体验。灯泡悬挂的高度越低，产生眩光的可能性越大。

50-60 厘米

约为灯罩宽度的
1.5 倍

50-60 厘米

撞到头的危险。我们在社交媒体或时尚杂志上看到的样板房照片，餐桌上的吊灯往往安装过高或过低。

室内设计师通常会将灯具安装在餐桌上方 50 至 60 厘米高的位置（同时要考虑家庭成员的身高以及灯具本身的高度）。这时，灯光的范围能够覆盖整个桌面，而强度又不会使就座的人感到眩晕，视线也不会被灯罩遮挡。

在规划带座位的厨房中岛或者早餐台时，虽然比普通餐桌要高出不少，但这一原则依然适用。如果灯光的范围不足以覆盖整个桌面，我们也可以考虑安装两盏或两盏以上的灯具。安装多盏灯时，经验告诉我们，可以将灯之间的水平距离设定为灯罩宽度的 1.5 倍。

枝形吊灯安装小技巧

- 桌子上方：距离桌面 75 至 80 厘米。
- 下面是过道或走廊：距离地板至少 200 厘米。
- 前厅：距离地板至少 200 厘米，距离门框 30 至 40 厘米（确保有足够的空间让门完全打开）。

有些餐桌并不用于日常三餐，而只在节日聚会时使用，对照明的功能性要求并不高，很多人因此选择悬挂枝形吊灯以增添气氛。枝形吊灯并不会提供日常功能性照明所需的锥形光束，光线受设计影响大多指向天花板，照射到餐桌的间接光通常较弱，还会因为其多样化的造型而形成不同的阴影。

为了避免干扰到宾客的视线，在餐桌上方悬挂枝形吊灯应该比普通吊灯的位置更高一些。一般而言，枝形吊灯与桌面的距离应保持在 75 至 80 厘米。当然，天花板的高度不同，悬挂位置也会有所调整，不过总体而言，枝形吊灯距离桌面太远会给人以吸顶灯的错觉,而距离桌面太近又会妨碍到宾客的视野。

选择枝形吊灯时，一定要注意餐桌要够大（长度和宽度都应超过枝形吊灯的直径），这样才不至于产生视觉上的不平衡感。

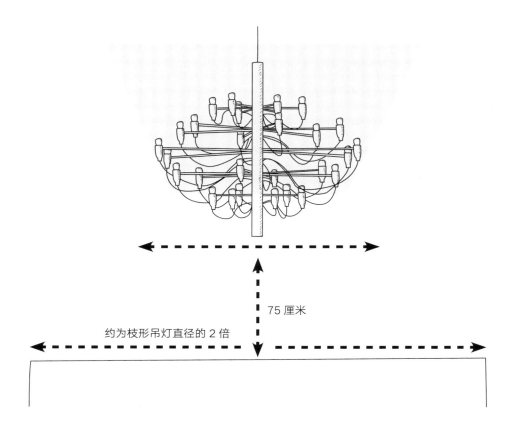

75 厘米

约为枝形吊灯直径的 2 倍

　　某些房间（比如客厅、影音室）要使用防眩光的灯罩，还要仔细考虑壁灯和台灯的安装位置，否则会影响光线的方向。

　　光源的位置应该根据座椅的高度和靠背的倾斜度而定，保证坐在沙发或扶手椅上时不会产生眩光。

前厅的照明

很多读者会问：在前厅安装照明设备时，有没有经验法则或窍门呢？答案是肯定的。我们首先需要考虑前厅房间的形状和天花板的高度。

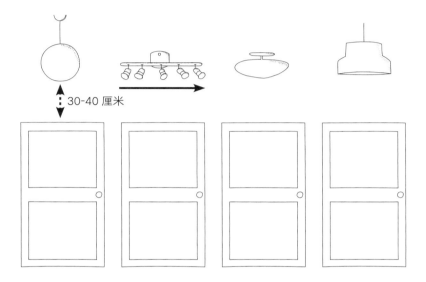

30-40 厘米

- 天花板较高更适合悬垂式吊灯。安装吊灯时，切记灯具要与门的开合区域和衣帽架保持一定距离，一般安装在门框上方 30 至 40 厘米高的位置。

- 如果前厅狭长，天花板上通常需要安装多个光源。你可以选择悬挂多盏吊灯或安装一排纵向延伸的射灯。选择射灯的话，还要调整光线的角度，使之照向墙壁，这样可以弱化前厅的局促感，并避免眩光的产生。

- 标准高度（2—4 米）的前厅适合平板式吊灯（吸顶灯），这样可以避免与大门或衣帽间的门发生碰撞。

- 在前厅安装吊灯时，切记不要选择向下直射的开放式光源，应巧妙利用灯罩使之成为漫射光，避免眩光。

改变不同灯具的高度

除了考虑光源的数量、漫射光与直射光的搭配外，还要考虑安装灯具的高度，避免房间内的照明点在同一水平高度上，看上去较呆板。我们很少见到房间内的所有灯具处在同一水平高度，大多数时候，其中一盏或多盏会被刻意升高或降低，旋转射灯的角度也会呈现多样化。经过巧妙搭配，所有的光束能够协同合作，无论在黑夜还是白天，无论在房间内从事哪种活动，都可以满足需求。而在较为黑暗的角落设置光源，除了发挥照明作用外，还可以在视觉上扩大房间的空间。

如果你对房间呈现的效果不满意，总觉得欠缺温馨和舒适的感觉，不妨在改造前检查一下照明设备。或许问题并不在家具和陈设上，而是源于不合适的灯光照明。我们可以将房间想象成大自然，以鸟、大地和鱼代表高、中、低三个水平面。看一看哪些区域缺乏必要的光源？房间里除了吸顶灯和台灯外是不是完全没有装饰性的照明设备？

高、中、低三个水平面，究竟适合放置哪些照明设备呢？建议如下。

鸟	大地	鱼
枝形吊灯	落地灯或阅读灯	窗台上的矮脚灯
吸顶灯	立柜或边桌上的台灯	茶几上的烛台
轨道射灯	书柜上的射灯	较矮的落地灯
天花板嵌入式照明	装饰画周围的射灯	地板嵌入式照明
悬垂式吊灯	投射向墙面或艺术品的射灯	地灯
	悬垂式窗灯	

自然光

室内照明的目的不仅在于创造更高的可见度，还要补充、平衡和自然光的关系。太阳东升西落，自然光的颜色在一天中也会发生变化。窗户朝向不同，自然光投射和移动的方式也有所变化，从而在房间内营造不同的氛围和效果。

防眩光很重要！一旦涉及间接光，就必须留意天花板和墙壁上油漆的光泽度，最大程度地降低眩光产生。

清晨太阳升起时，自然光通常较为密集和凉爽，正午前后则会变得白炽而清晰，温度达到最高，而随着傍晚的来临，太阳徐徐落下，天色又会再次暗淡下来。在自然光的基础上，通过调节房间内灯具的数量以及光源的色温（开灯、关灯、提高或降低亮度等），我们可以灵活地调整照明效果。色温以开尔文为计量单位。如果你还有疑问，不妨拍摄几张房间内灯具的照片，然后前往照明器材店寻求专业人士的帮助，看看哪些地方需要增补或替换。随着现代科技的发展，如今出现了许多可通过遥控器控制和调整光线的灯具。感兴趣的话，你可以在网上搜索"人本照明"，获取更多信息。

没有调光器的照明设备
就好像一台音量固定的扬声器。

——奥萨·菲尔斯塔德

备忘录：房间的颜色和光线

理解以下视觉术语，有助于分析房间内的光线。

- 光线程度：房间的明暗情况。

- 光线分配：自然光和室内照明如何分配？灯具如何放置？

- 阴影：是否留出了恰当的阴影区域，以避免照明效果趋于平面化？阴影能够起到增强和突出形状结构的作用，但过于锐利沉重的阴影也会产生令人不适的强烈反差。

- 光斑：是否存在照明无法覆盖的小片区域？利用电灯（比如有孔的灯罩）或自然光（比如窗户的形状）可以创造出富有艺术感的光斑。

- 反射：光的反射可以突出表面光滑的材质，增强其亮度和光泽感。不必要的反光则会引起不适。

- 眩光：如果没有灯罩遮挡，光源产生的眩光是否会让你感到刺眼？

- 光色：房间里的光是什么颜色？光色取决于光源的冷暖、光源的显色性以及反射区域的材质和颜色。

- 表色：光线往往会影响到墙壁和家具表面所呈现的颜色。表面颜色较浅的家具，比如灰色沙发受光色影响大，表面颜色强烈鲜明的家具则受影响较小。

照明词汇表

瓦特（W）：功率单位，表示照明的效果。

流明（Lm）：光通量单位，表示光源发光的强度。高流明产生高强度的光照，低流明产生低强度的光照。

开尔文（K）：色温计量单位。

Ra值：显色指数。Ra值的范围在0-100。高Ra值代表较好的显色性，低Ra值代表较差的显色性。

照明小技巧

- 在电视柜上安置一盏台灯，能够让客厅变得更温馨；在电视旁放一盏中等高度的落地灯，可以弱化电视机屏幕亮光和周围黑暗区域之间的对比。

- 想要用灯光强调艺术品？玻璃板可能会产生反光，影响欣赏体验。要避免反光，可以改用侧光，并且光源和主体之间保持至少一米的距离。同理，嵌有玻璃板的装饰画也应避免对着水晶吊灯或窗户。

不同种类的光源

置身于灯具店，原先摆满白炽灯泡的货架上，如今出现了各种各样的新光源，这或许让身为顾客的你困惑不已。不仅光源的强度各有不同，就连灯泡的形状、玻璃的透光度也千差万别。该如何选择呢？

- 透明灯泡多用于带透明灯罩的灯具。由于透明灯罩并不会过滤太多光线，因此要考虑光源的强度，也可以选择使用调光器。

- 磨砂灯泡适用于大多数的灯具，因为磨砂玻璃能够使光线均匀分布。

- 半电镀灯泡适用于经典的锥形灯罩等开放式灯具，因为顶部的涂层可以防止产生眩光。

设计技巧

在这一章，我整理了一些实用的设计技巧。它们并非深奥而精准的科学，也不是必须遵照的规定或原则，只是解决问题的思路和方法。在空间设计遇到瓶颈时参考一下，或许问题就能够迎刃而解。

最后的润色

在本章开头就先谈最后的润色，不免有些奇怪。不过，身为室内设计师，这的确是我在面对客户时常见的问题之一。房间内已经配置好基本的家具，但仍然缺乏产生吸引力的细节。我们该怎么做呢？

我经常借鉴凯莉·卡特的设计备忘录，其中列举了各类细节的具体实例。在她的授权下，我很乐意与各位读者分享这份备忘录。凯莉着重谈到了使房间变得更有趣别致的方法，了解这些方法，对理解后面的内容会有所帮助。比如，要想让房间给人惊艳的效果，究竟应该添加一幅画、一个静物，还是布置一面照片墙？因此，我从凯莉的建议开始本章的内容。

- 邀请者：吸引你进入房间，激起你产生兴趣和好奇。它可能是某个引人注目的细节，使你想要近距离观赏。

- 舒适物：吸引你留在房间。也许是一块柔软的羊毛毯，也许是一张舒适的扶手椅，让你情不自禁想坐上去。

- 吸睛器：引导你的视线，从而留意到房间内主要家具和布局。它可以是一盏灯，让你抬起头观察整个房间，也可以是一堵直达天花板的图片墙，抑或是一个大型的落地盆栽。

- 惊艳物：房间内最高调醒目的物件，能够成为绝对的焦点。它可以是建筑结构上的东西，比如一扇将景色尽收眼底的巨大落地窗，也可以是一件造型独特的家具或装饰。

- 奇特物品：让你目光停留，甚至目瞪口呆的物品。客人或许会产生疑问："究竟是从哪儿弄到这东西的？"它可以是一件艺术品、一件古董、一件从跳蚤市场淘来的工艺品，也可以是你亲手创作的小玩意儿。

- 私人物品：为住宅打上你专属烙印的某个东西。它可以是一张全家福、一个传家宝、一件纪念品，或是一个象征主人身份的个性化物品。它不必突出或醒目，但必须是只存在于你的住宅、只属于你的东西。

- 自然元素：增添气氛、质感和色彩的物件，比如绿植、鲜切花、天然材料或有机形态的物品。

- 点睛之笔：填补设计中的空缺，起到画龙点睛的作用。它可以是沙发旁边的一堆杂志、柜子上的一摞书，或是茶几上一只漂亮的碗。

- 生活气息：为房间注入生机和活力，让人感受到生活的烟火气。它可以是你最喜欢的一双拖鞋、一副眼镜、扶手椅旁边的咖啡杯。我们在拍摄一些分享到社交媒体的照片时，通常会将这些内容排除在画面之外，然而在日常生活中，它们却会让我们感受到家的温馨和美好。

静物设计

室内设计师经常会将家具或装饰品组合在一起，营造出特定的风格或氛围，这称为"静物设计"。

为了营造集中紧凑、细节丰富的效果，采用组合而非分散的方式显然更为有效。不过，要如何才能巧妙地组合呢？

通过对各种静物的观察和研究，我归纳出了其中的常见形式和重要成分。根据分组的方式和规模，其中一些物品可能承担不止一种角色。接下来，我将分享一些静物组合的设计技巧。

组合的要素

- 制高点（比如高脚烛台、一盆高大的绿植或插花）

- 承重点（比如圆形花盆、玻璃碗或视觉上较重的物品）

- 焦点（在静物组合中承担主要角色）

- 有机或不规则的物品（比如取自大自然或用自然材料制成的某件物品、陶瓷等手工艺品）

- 水平线（平放的书本、收纳盒或椭圆形餐碟）

- 垂直线（烛台或其他高而细长的装饰品）

- 填充物（静物组合中起补充作用的个性化细节，比如一块漂亮的小石头、一只贝壳或孩子做的手工）

组合设计步骤

1）找出要用到的所有物品，尽量涵盖各种材质（比如木质、金属、玻璃）和各种形状（比如圆形、正方形、不规则形状）。选择不一样大小的物品，利用差异来营造对比，如高和矮、软和硬、亚光和高光、光滑和粗糙。

切忌将静物呈直线排布。

将其集中和分组。

选用不同大小和形状的物品进行组合。

前后遮挡效果有助于增加层次感。

2）按照体积大小对物品进行排序。这会帮助你在接下来的步骤中提高效率。

3）标记出静物组合摆放的位置，目测大概区域和范围。新手可以利用托盘划定出清晰的边界。

4）确定静物组合的外部轮廓。想象一个虚拟的三角形，思考直角三角形还是等边三角形哪个更为合适，应将线条和目光引向哪个方向。

5）从后向前摆放物品。

6）选取奇数个物品。奇数能够营造出更好的动态效果，符合大众心目中组合设计的印象。

7）在组合设计中增加部分重叠的元素，使之更为紧凑，营造出立体感。

8）以最自然的方式观察设计的静物组合，看看目光和注意力是否按照黄金螺线的轨迹运动。

静物组合的最佳摆放地点

如果你从未有过静物设计的经验，在布局时或许会有些不知所措。以下提供了一些适合摆放静物组合的地点，并分析了陈设的目的和作用。想一想，这些静物组合对家的氛围营造会发挥怎样的作用？

第一印象 - 屋外

对于独栋住宅而言，在屋外陈列的静物组合是欢迎客人的最佳方式。门前一丛错落有致的植物花卉会随着季节变化而展现不同风貌，给人以愉悦亲切的感觉。

讨巧的设计 - 前厅

在客人迈进房屋大门的那一刻，如果你不愿对方的目光被传统的收纳空间占据，而是希望其停留在某些特别的设计上，不如在前厅或与之相邻的区域内设计一组静物组合。它可以设在柜子或者衣帽架的上方、墙壁的置物架上，也可以选择在视线延伸的范围内（如果前厅过于狭窄，可以选择稍远一点的地方）。

私人物品 - 客厅

如果有些东西对你而言有一定意义或能够带给你愉悦的感觉，不妨将它们收集起来设计成静物组合，根据客厅的格局，摆放在书柜、茶几或电视柜上。它们可以是体现你兴趣爱好的物品，也可以是某次度假时捡拾的美丽贝壳。与其购买新的装饰品，倒不如利用祖辈的旧物、父母老房子留下的纪念品或从跳蚤市场淘来的古董，激发点点滴滴的美好回忆。

令人感觉舒适的物品 - 浴室和客房

一些会为你和客人带来温馨舒适感的物品，不妨把它们设计成静物组合，装饰在浴室或客房。比如花瓶里的插花、一套香水瓶，甚至是一块放在浴室架子上的手工皂，这些都会为浴室带来不同的氛围。客房的气氛同样会因为静物组合而有所改变。一瓶干花、一叠报纸、床头柜上的一盏香薰蜡烛，都会给人宾至如归的感觉。

营造秩序感的物品 - 厨房、书房和儿童房

出于种种原因，家里的某些区域会存放较多杂物，情况不同，收纳的方法也有所不同。这里主要以厨房和书房为例，当然还包括儿童房。有意识摆放的静物组合能够为这些地方营造令人惊喜的秩序感和条理性。它们不仅能起到装饰作用，有时还不乏实际功能。比如，在厨房的料理台上以静物组合的形式摆放油瓶、香料瓶和砧板；在书房内将铅笔、笔刷等工具和书摆放在一起；儿童房内，则可以考虑毛绒玩具和童书的搭配。

设计师的秘密

若上述建议仍然让你感觉没有把握，不要紧，以下是一些来自专业室内设计师的小技巧，可以帮助你的设计实现从业余到专业的飞跃。

高度差

利用高度差异创造出视觉引导线，勾勒外部轮廓。

重叠

将平行陈列的物品改为前后陈列，使之出现重叠的部分。

纵深

建立三维立体思维，在前景、中景、后景三部分各摆放一些物品，使整个组合呈现一定的纵深感。

层次感

丰富的层次会为静物组合注入更多生机和活力。

动感

引导视线以螺旋的轨迹欣赏静物组合，可以创造出动感的效果。

三角形

不要把静物呆板地摆在一起，而是尽量让静物组合形成三角形的轮廓。我们可以创造出一个主三角形轮廓和一个次三角形轮廓（主轮廓之中的小轮廓），

为你的收藏感到骄傲

你喜欢收集东西吗？不妨将你的藏品设计成静物组合。种类和款式未必越多越好。比如陶瓷花瓶、彩色玻璃器皿或达拉木马，这些都可以构成有趣的静物组合，成为装修中的一个亮点。

这样可以取得不错的效果。

悬挂装饰画

墙上没有照片或图画的家，总感觉不够温馨。不过，很多人由于担心留下钉孔或选错了画，让墙壁一直空着。

我们换个角度思考问题：比起把装饰画挂在了错误的位置，让墙壁空空荡荡给人的感觉更加糟糕。画框的大小、摆放的位置、画作的内容都可以调整和替换，而空白的墙壁却难以有所改观。

选择主题

按你的想法，这些图画应该成为亮眼的主角，还是充当低调的配角？

确定主题之前，静下心来思考一下利用这些装饰画想要达到怎样的目的：是想让它们成为刺激视觉、令人为之惊叹的亮点，还是希望它们成为和谐统一的背景板？

画框、卡纸和玻璃面板

"服装能够成就一名模特，画框能够成就一幅艺术品。"画框的主要作用在于突出和强调艺术品本身，而非简单的装饰。然而很多人考虑更多的是，画框如何与其他家具相协调。画框的木料、颜色和厚度，都会在很大程度上影响主题的体现。

使用无酸纸可以大大延长艺术品的寿命。此外，玻璃面板的选择也极其重要。高质量的防紫外线玻璃同样可以延长艺术品的寿命，而无反射玻璃可以提高画面的清晰度，提升观赏体验。

悬挂装饰画的技巧

- 如果把装饰画挂在沙发或床头上方，应避免图画和家具一样宽，覆盖墙面的三分之二区域时效果最好。
- 装饰画悬挂过高或过低是最常见的错误。确定位置时，我们必须考虑天花板的高度和其他家具的布局。遵照145原则或将图画的中心线定在墙面三分之二的高度，是比较常见的做法。
- 浅色画框较低调，能够突出画面主题。
- 深色的画框能够加强反差，平衡画面色调的深浅，尤其是那些有深色区域的图像，比如黑白照片。

卡纸不仅可以隔开画幅本身和作为背景的墙壁，突出画面主题，由于其具有一定厚度，还能有效避免画面紧贴玻璃面板。

145 原则

装饰画应该挂在多高的位置？美国的室内设计师通常遵照"57 英寸"的准则。换句话说，装饰画的中心点应该和地面保持 145 厘米的距离，以此为基准，可以水平自由移动装饰画的位置。145 厘米的高度能够让观赏者从最舒适的角度欣赏画作。由于天花板的高度和家具的高度各有差异，要严格遵循这一原则未免有些强人所难。但从这一基本思路出发，一定可以找到适合自己房间的悬挂高度。

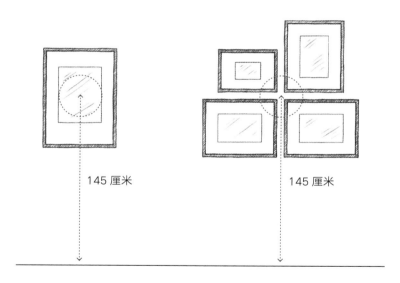

145 厘米   145 厘米

图片墙的排版方法

设计图片墙的方法多种多样。如果想要营造混搭效果，可以考虑使用大、中、小三种不同尺寸的画框，在增加和谐感的同时，实现尺寸变化的自然过渡，不至于太突兀。别忘了，你也可以适当旋转画框，让它们朝向不同的方向（矩形画框既可横挂也可竖挂，两种挂法效果不同）。

中心线

以中心线为基准悬挂装饰画。保证每幅画的中心点都在同一水平线上，再根据尺寸钻出钉孔。

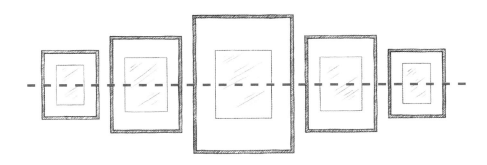

基准线

以基准线为标准，把装饰画挂成一排。保证每幅画的底边都在同一水平线上，再根据尺寸钻出钉孔，依次悬挂。

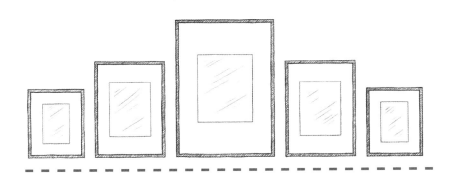

上缘线

以上缘线为准，把装饰画挂成一排。保证每幅画的上缘都在同一水平线上，根据尺寸钻出钉孔，依次悬挂，使得所有装饰画的上缘对齐。

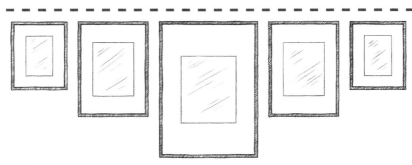

引导线

以引导线为准，将装饰画挂成一条斜线。你可以混合使用纵向和横向的画框，在保证画框相互之间留出相同距离的基础上钻出钉孔（间距通常为 5 至 10 厘米），依次悬挂。

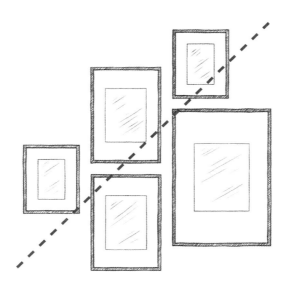

铅垂线

以铅垂线为准，将装饰画挂成一竖列。保证每幅画的中心点都在同一铅垂线上，根据尺寸钻出钉孔，依次悬挂。相同尺寸的画框和不同尺寸的画框均适用。在狭窄的区域内，装饰效果尤为明显。

波浪线

当你有很多不同尺寸的画框，又不想以刻板的方式悬挂时，以假想的波浪线作为标准设计图片墙不失为一个实用的技巧。选择一幅画作为中心，然后把其他画挂在这幅画的两边，形成一条弧线。采用这种办法，即使画框之间间隔不一，也能让组合出的图片墙形成一个整体。

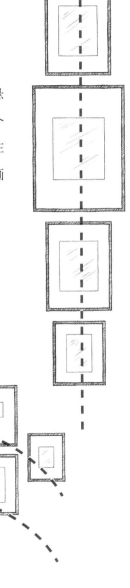

矩形轮廓

即使使用不同尺寸的画框，同样可以营造连贯统一的效果。试试将图片墙设计成长方形或正方形，使整体形成一个矩形框架。此时，即使画框大小不一，眼睛依然能感觉到这是一个极具凝聚力的整体。

确定一个主角！

设计图片墙时，很多人往往不知道从何下手。我的建议是，问问自己最喜欢的是什么，然后挑选一幅最喜欢的画，确定它的位置，再悬挂其他装饰画。这样可以起到突出强调的效果。

流动性的外部轮廓

使用不同大小的图片和不同尺寸的画框，可以赋予图片墙外轮廓一种流动的美感。如果图片画幅偏大或偏小，可通过裁剪画幅或添加卡纸的方式调整视觉效果（前提是价格不会过于昂贵）。

楼梯间悬挂技巧

在楼梯间设计图片墙可以巧妙地增强空间感和层次感。你可以重复使用一种排版方式悬挂多幅主题相似的图片，也可以利用楼梯高度创造出层层递增的效果。随着楼梯高度的上升，逐一测量楼梯台阶和画框下缘之间的距离，尽量使之保持在固定范围内。

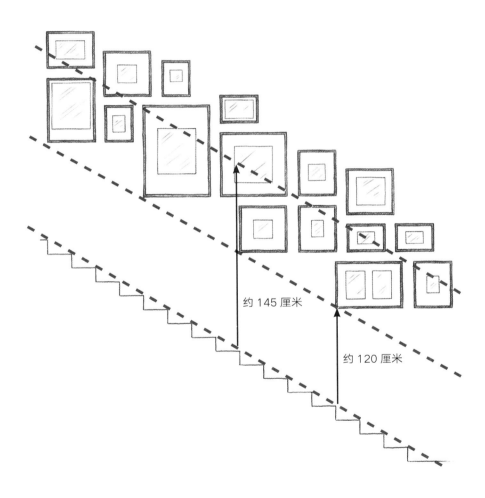

约 145 厘米

约 120 厘米

角落里的装饰

　　对于住宅内的某些区域，比如沙发和床头板后的墙壁，我们会下意识地选择用装饰画来填充，而角落则容易遭到忽略。通过在角落里悬挂装饰画，比如阅读角附近的区域，可以营造出额外的空间感。

图片墙设计的实用技巧

　　- 在图片墙的左侧放置视觉效果更强烈、画幅更大的装饰画，以遵循大多数人从左至右的欣赏顺序。

　　- 将较大的画框放置在靠下的位置，可以使图片墙的重心更稳固。

　　- 在沙发背后悬挂装饰画时，记得装饰画的下缘和沙发靠背保持 15 至 30 厘米的距离，避免坐下时后背或后脑与画框碰撞。

　　- 在餐厅悬挂装饰画时，可以适当降低悬挂的高度，以便就餐时也可以欣赏画作。

钻孔之前！

　　为了避免弄出筛子般千疮百孔的墙壁，在钻孔之前，应尽可能多进行演示，预览效果。以下是一些不需要钻孔就可以实践的技巧。

亲密性

　　绝大多数的图片墙，装饰画之间都保持 5 至 10 厘米的距离。有时，缩小画框之间的距离，把它们紧紧地挂在一起，也会收获不错的效果。无论你是把装饰画平行排列还是组合成特殊的形状，缩小画框之间的距离可以让图片墙形成一个整体，带来意想不到的效果。

地板效果演示

着手设计图片墙之前，建议先在地板上进行演示。在地板上布置出画框的各种组合，衡量不同间距和悬挂方向带来的艺术感上的差异。如此一来，无须在墙上打孔，就可以获得满意的组合方案。

样纸和胶带组合

购买新的画框时，商家往往会附赠一张标明了画框尺寸等信息的样纸。别轻易丢掉，它们可以作为装饰画的样本模拟出实际效果。如果你使用的是旧画框，可以利用硬纸板或彩纸裁剪出相应的尺寸，分别标注出它们代表的画作，然后用胶带贴在墙上演示。要特别留心墙面的材质，选择合适的胶带，避免对墙壁造成不必要的损坏。

裁剪和粘贴技巧

如果你还没来得及搬进新家，只想小规模模拟图片墙的效果，可以利用方格纸、直尺和剪刀裁剪出缩小比例后的画框，贴在墙面上演示。

循规蹈矩还是即兴发挥

烹饪菜肴前，我们总是先准备好所有食材和配料，然后按照菜谱循规蹈矩地来操作。但现实往往没有这么简单。至少在设计和装修方面，很多决定其实是基于兴趣、感觉和日常生活习惯做出的。有时我们无法在第一时间找到合适的物品，有时我们需要攒够一定资金才能实现预期的效果。

难以取出墙上原有的膨胀螺丝？试试开瓶器！

而在等待的时间里，我们又不甘心看着墙壁空空荡荡。我建议先从一点一滴入手，再循序渐进补充。从钻出第一个小钉孔开始吧。挂出第一幅装饰画，总比什么都没有好。而且，就算万事俱备，在实际设计过程中，还是免不了要删减、添加或调整。因此，不要犹豫，从手头已有的材料开始吧。

混搭相框可行吗？

将不同材质的相框混搭，也能设计出不错的图片墙吗？当然可以。尤其在处理黑白照片等单色图片时，混搭是获得动感的最好方式。将不同材质的画框组合在一起，会给人耳目一新的感觉。而无论装饰画的内容如何，坚持选用一种颜色或一种材质的画框，则相当于在混搭中创建了一条红线，更能产生统一和谐的感觉。

节省预算小技巧

摄影作品虽然很受欢迎，但价格高昂。在节约预算的前提下，用精致的杂志摄影图片设计出一面图片墙吧。找到离家最近的报摊，购买大批时尚杂志和家居杂志，版面越大越好。纸张的材质也是重要的考量因素——纸张的硬度越大，韧性越强，其耐久度就越高；如果纸张过薄，在陈列一段时间后可能会产生气泡。选择一些构图精美、没有文字遮挡的图片，用锋利的剪刀或美工刀沿边缘裁切下来，再用卡纸或衬垫固定。当然，你也可以根据尺寸订购相框（价格可能会超出预算），不过最实惠的办法莫过于从手工艺品商店采购硬纸板，将其裁剪成合适的边框搭配使用。

悬挂较大的装饰画时，记得留出足够的空间，获得最佳视觉效果。除了要考虑装饰画和墙壁以及周围家具的比例，还要保证房间拥有足够的空间距离欣赏画作。想一想，房间的格局适合欣赏画作吗？会不会出现距离过近、感觉拥挤局促的情况？

窗户的设计

窗户的透明质感决定了它由内和由外的可见性，因此我们有双重理由对其进行设计。不过，我从多年从业经验中了解到，由于窗户造型和结构的不同，很多人都在设计中感到困难重重。

我们在"将房屋历史纳入考量"那部分内容里，简要介绍过窗户的变化。若将二十世纪初带有竖窗棂的窗户和现代的全景式窗户相比较，会发现两者在线条、比例和自然焦点方面截然不同。

如果你感到毫无头绪，不妨从以下几个因素考虑。

窗框和窗棂

我们先从基本结构入手。窗户的框架是怎样的？玻璃的尺寸、窗框的颜色、内窗框的数量、造型和款式等，这些都要考虑在内。窗棂是否有繁复的装饰，还是结构简单，仅有一面窗扇？这些基本的结构会影响所选择的窗帘、盆栽和灯具的尺寸。

窗台

老式房屋通常都会配备较大的窗台，其优点在于提供了更大的陈设和储物空间，缺点是密闭性差、渗水问题严重。较大的窗台适合摆放大型盆栽和大底座的灯具。如果摆放一些小而零碎的物件会显得过于琐碎，破坏整体的和谐感。

新式房屋的窗台往往较窄，这对整体的搭配提出了挑战。绿植和灯具既要有一定的高度，又不能占用过多的空间，因此要求窗台在吸引眼球的同时，又能体现出一定的层次感。

窗户把手

传统的窗户把手通常很漂亮，有一定的装饰性，然而在现代窗户中，铝制把手往往不是你希望引人注意的东西。如果想降低窗户把手的存在感，可尝试在其他地方创造焦点，转移视线。

你可以在窗户两侧栽种爬藤植物，使之形成绿色的内窗框，掩盖把手，也可以在窗台上摆放造型别致的花盆、静物组合或台灯，吸引人们的视线。如果想要突出把手的功能或造型，可以用射灯加以强调，并添加金属配件或细节，提升美感。

窗外的风景

窗外是什么样的风景？你希望加以强调还是遮掩？如果窗外是沉闷的景色，最好的方法就是让日光照进来；如果窗外的风景让人心情愉悦，那么窗户上繁复的装饰也许会显得多余。

朝向

窗户的朝向会影响设计中的诸多选择，至关重要，比如窗帘颜色的选择（如果长期暴露在阳光下，窗帘多选裸色）、植物的选择等。

比例

窗户越大，装饰物的尺寸和规模也就越大。在选择盆栽等绿植时，一定要考虑窗户的大小，以免产生零碎的不协调感。

位置

把一组相似的物品摆成一排会显得呆板。如果感觉窗户的布置过于平淡，或许是由于重复和对称的元素太多、缺少变化，你可以将好几株盆栽进行组合，要避免呈"一"字形分散排列，还要注意调节不同植物组合的间距，引导视线，变得更动感。

对于窗台，则可以选择不同形状和高度的物品搭配组合，还可以巧妙利用对比，比如圆润的线条搭配棱角分明的轮廓，柔软的感觉融入坚硬的质地。感兴趣的话，你可以参考有关"对比和并置"的内容，获得更多灵感。

层次感

层次感丰富的窗户往往给人留下深刻的印象，比如让爬藤植物向下自然垂吊在窗台上方或者顺着窗框勾勒出整个窗户的轮廓，再在窗台上摆放其他盆栽，营造出郁郁葱葱的氛围。如果想再增添一些变化，建议摆上一两盏烛台，烛台流畅、富于变化的外轮廓可以起到很好的修饰。

灯具照明

照明是窗户设计中重要的组成部分，无论从室内还是室外——尤其在黑暗阴冷的冬季——都能够营造温馨和谐的氛围。购买灯罩或设计感十足的昂贵雕塑灯具之前，一定要准确测量窗台的深度，保证有足够的空间。可以根据房间的实际情况，适当调整落地灯和吊灯的位置。

面积较小的儿童房，小孩子可能会经常踢到或者被落地灯的电线绊住，因此吊灯更为实用（如果窗户上缘没有电源插座，可以利用专门的透明配件，将电线顺着窗框固定）。在有百叶窗的房间安装吊灯并不方便，选择立式灯具更实用美观。请记住，设计儿童房安全第一。

装饰

对于装有全景式大窗户、房屋结构棱角分明的住宅来说，利用不规则线条和有机形态的装饰物打破相对刻板的轮廓，往往会收获意想不到的效果。除了前文提到的烛台，也可以考虑雕塑和花瓶。

窗帘

和服装一样，窗帘的造型也有流行趋势。根据品味和风格的不同，窗帘的长度、面积和款式也存在差异。无论你偏爱哪种风格，都可以参考以下这些选购建议和实用准则。

我们用布料遮盖窗户，既是为了美观，也是出于实际的考虑。如果住在隔热性能较差的老房子里，窗帘可以有效减小窗户内外的温差。此外，窗帘还能过滤一部分自然光，降低房间的亮度，并防止电视机和电脑屏幕产生眩光。

确定了窗帘的材质、颜色和图案线条后，便可以迅速将房间营造出不同氛围。纱质的荷叶边窗帘与厚实的天鹅绒窗帘，给人的感觉截然不同。设计考究的窗帘带来的作用，丝毫不亚于一面背景墙。室内设计师经常使用窗帘打造视错觉，让窗户甚至整个房间在视觉上放大或者缩小。

尽管现代化住宅已经大幅改善窗户的隔热功能，我们不再需要使用窗帘来隔热，但近些年来住宅玻璃窗尺寸不断增大，这让窗帘有了新的实际用途。尤其在人口稠密的住宅区，大窗户意味着更宽阔的视野，轻薄织物材料的窗帘不仅可以保护隐私，又保证了充足的光照。质地轻盈的窗帘起到柔化作用，在棱角分明的房间内营造出亲切感；质地厚实的窗帘不仅能够有效减少外界噪音，创造更舒适的声环境，还能保护家具、地板和纺织品免受强光直射，延长使用寿命。

窗帘杆和窗帘轨

无论是用窗帘杆还是窗帘轨悬挂窗帘，市面上都有大量的滑扣和挂钩可供挑选。经典款式的窗帘杆两端设有托架，安装和使用相对容易。如果杆头带有金属装饰，窗帘杆能更自然地融入背景环境，成为亮点。窗帘杆的优点在于能够快速轻松地调节长度（很多窗帘杆为两截式套杆设计，能够从中间接口处延伸或缩短），若搬家频繁，也较容易拆卸和运输。如果选择使用窗帘杆，可以通过改变窗帘环的款式和材质来改变窗帘的悬挂方式，巧妙创新。

近些年来，窗帘轨尤其是吸顶式轨道越来越流行。它们既可以像窗帘杆那样通过托架固定在墙上，也可以直接安装在天花板上。轨道可以根据房间的尺寸切割成不同长度。窗帘轨本身比较隐蔽低调，滑扣不易被察觉。如果想要安装多层窗帘，比如透光性强的纱质窗帘搭配遮光性强的丝绒窗帘，也可选择多条窗帘轨。

如果墙壁采用纸灰涂料粉刷而成，千万不要用窗帘遮挡住美丽立体的墙面，而应尽量缩减窗帘杆所占的区域，或者将窗帘轨安装在窗框上沿。

窗帘杆的长度和高度

在窗户宽度（含窗框）的基础上，在两侧留出至少 10 厘米，这就是窗帘杆的长度。

然后，在墙上距离窗户上边框 10 厘米的位置做上记号，以便安装托架。这是业内建议窗帘杆长度和高度的最小数值，如果担心遮光或希望窗户看起来更大，可以在这个基础上继续增加窗帘杆的长度和悬挂高度，但一定要注意与周围的墙壁和家具摆设保持一定距离。

如今，窗帘杆的长度超出窗框 30 至 40 厘米已成为流行趋势，不过窗帘杆往往会有过长或过重的情况，稳妥起见，最好适当增加托架数量。

至于窗帘轨，测量外部尺寸所采用的方法基本一致。如果轨道需要从房间的一端延伸到另一端，你要测量的是那一面墙的长度；如果采用吸顶式轨道，最好不要让轨道过于贴近墙壁，给窗帘的折叠留出空间。为了轻松顺滑地拉动窗帘，还需要考虑窗帘轨的承重能力，在窗帘重量集中的区域增加螺丝来固定轨道。

窗帘布料

估算窗帘所需布料的尺寸时，以窗户的宽度作为标准是常犯的错误。正确的做法是，测量窗帘杆或窗帘轨的长度，根据窗帘面料的褶皱程度，在此基础上乘以系数 1.5 或 2。我一般会用两米长的布料搭配一米长的轨道。如果窗帘有图案，还要考虑悬挂时图案的呈现效果。若仍然不能确定，可向窗帘供应商咨询专业意见。

窗帘长度多少为宜？

窗帘长度和宽度的选择在很大程度上取决于住宅风格和个人品味。以下是市面上一些比较常见的尺寸。

中长窗帘

下缘通常位于窗台以下 2 至 3 厘米。

长窗帘

室内设计师对于窗帘长度的观点各有不同，但在窗帘的长度不宜过短这一点上意见一致。专业的窗帘定制商认为，长窗帘的下缘应保持在地板往上 2 至 8 厘米。如果想要增添布料的垂坠感，不妨适当增加 1 至 2 厘米，即让窗帘下缘和地板保持 1 厘米的距离，避免直接接触。另一种选择是大幅延长窗帘，让布料下摆垂在地板上形成褶皱。不过，如果选择后者，需要特别注意整体的协调与搭配，以免给人邋遢累赘的感觉。

想使窗帘呈现均匀的褶痕，不一定要用缝纫机，只需一把剪刀和一只熨斗就可以实现。

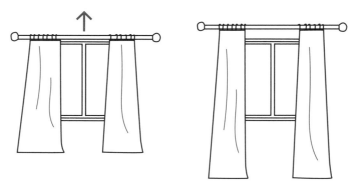

悬挂窗帘杆切忌距离窗户上缘太近，否则会使窗户看起来更小。窗帘杆悬挂的高度取决于窗户和天花板之间的距离，建议窗帘杆至少要高于窗户上缘 10 厘米。

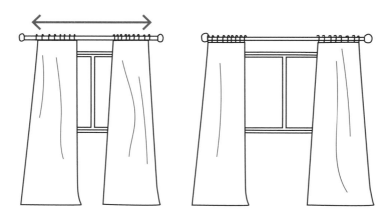

窗帘不应遮挡大部分光线，应悬挂于窗户两侧，这样可以在视觉上增加窗户的宽度。窗帘要足够宽，保证拉上窗帘后可以遮住整扇窗。

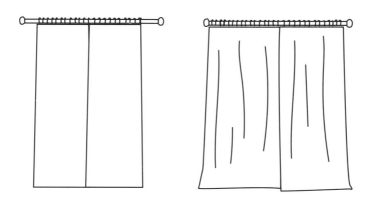

别吝啬布料，将窗帘杆的长度乘以 1.5 或 2，至少按这个尺寸裁剪窗帘。

不合适：下缘距离地
板过高，给人布料
不足的感觉。

合适：下缘几乎贴
近地板，给人恰到
好处的感觉。

马马虎虎：下缘刚刚
落到地板上，给人邋
遢累赘的感觉，让人
误以为测量不准。

符合某些家居风格：
下摆堆叠在地板上，
形成褶皱。

帷幔

　　帷幔的长度取决于窗户的大小以及需要遮盖部分的面积，通用的标准长度

为 40 至 45 厘米。

　　　　　　给窗帘的下摆车边，可以使造型更为简洁美观。对于面料

轻盈的窗帘，可以在下缘缝上一条缎带以增强垂坠感。

根据不同房间来设计窗户

我们经常根据需求选择家具、调整风格，营造想要的氛围。房间类型可以帮助我们决定窗户区域的设计风格。

浴室

浴室大多采用防潮材料，给人生硬乏味的感觉。因此，浴室的窗户区域适合摆放绿植或静物组合，柔化整体氛围。你也可以摆上美容用品，便于平时取用。在我家楼上一个背阴的浴室里，我将爱用的香水搭配成静物组合放置在窗台上，既方便取用，也能装饰房间增添美感。如果你想效仿，最好考虑到浴室窗户的朝向，避免保养品或香水因光照而损坏。此外，你也可以悬挂窗帘或贴玻璃膜。

厨房

我们可以在窗台上陈列一些厨房用具作为装饰，也可以考虑摆放几盆绿植并搭配一些经常会用到的厨房用品。具体要放什么完全取决于窗户的位置。如果窗户与餐桌距离合适，可以将绿植和厨房用品以混搭的方式陈列，比如在窗台上摆放一只造型别致的喷壶、一只手工玻璃碗或一盆即将成熟的小番茄。

由于烹饪中会产生油烟，我们很少在厨房看到落地窗帘。当然，根据房间的形状和生活习惯，也可以选择帷幔、百叶窗或遮光贴膜，同时从住宅整体的设计风格和房屋的年代特色中汲取灵感。如果你拥有一间经典的小酒馆式厨房，或许可以考虑咖啡厅风格的窗帘；如果你的厨房质朴简约，百叶窗也许是不错的选择；如果你的厨房装修高雅颇具艺术感，窗户比壁炉更靠近就餐区，或许可以尝试落地的长窗帘。

客厅

客厅的窗帘通常尺寸较大，拥有良好的遮光效果。建议使用双层窗帘，利用较薄的面料过滤日光，适当降低房间的亮度，而较厚的面料则可以完全屏蔽光线，适合观赏电影或玩游戏。根据客厅的设计风格和窗户大小，还可以在窗台上摆放烛台、书、花瓶、绿植、灯具，等等。

卧室

人们都希望卧室宁静温馨，以惬意的心情开始和结束一天的生活。因此，卧室的窗帘建议使用大块布料。大面积布料能够有效吸收房间内的噪音，带来静谧之感。窗帘的长度应覆盖地板到天花板的距离，安装便于拉动的窗帘杆或窗帘轨。睡眠时间，窗帘的遮光能力可以弱化自然光，而卧室内的大型绿色盆栽能够在夜间提供氧气。此外，我们还可以利用吸顶灯或台灯等照明补充光线，或者利用可调节亮度的灯具烘托朦胧的美感，让人在清晨和夜晚感觉平静舒缓。

书房

我的书房是东北朝向，因此我没有选用金属质地的百叶窗，而是装上了白色布幔来过滤日光，保证我在电脑前工作时感到舒适。可以说，书房的朝向很大程度上决定了窗帘的选择。我还在窗台上摆放了大型绿植以及由小件文具（钢笔、毛刷和直尺等）构成的静物组合，此外还有温馨的全家福和一块造型别致的镇纸。

我们应善于利用房间内已有的和可以激发灵感的东西，为工作和学习营造积极的氛围。

儿童房

儿童房空间有限且功能性强，很难以常规方式装饰窗户——摆放灯具可能有触电的危险，而绿色植物又担心婴幼儿误食。窗台比较适合放玩具、书、乐高积木等。若想突出儿童房的层次感，可以在窗户上边悬挂装饰品，比如小吊灯、三棱镜造型的风铃、旋转的小吊坠等，它们不仅能产生阴影和美感，还有助于镇定催眠。当然，在选择装饰品时，也要考虑婴幼儿或青少年的年龄特征。

根据房间朝向选择窗台绿植

在选择放置于窗台的绿植时，首先要考虑植物的自然属性。就算是在本国培育的植物，仍然要参考原产地，为其提供适宜的光照和湿度。窗户的朝向决定了气温和日照等自然条件，以此作为参考选择适宜栽种的植物，才更容易收获蓬勃葱郁的视觉效果。一天中的不同时间段，自然光线的角度和热量都在发生变化。以下是为居住在北半球的读者提供的建议。

朝北的窗户：阴凉，存在大片阴影区域

选择无花、叶片宽大而柔软的绿色植物。土培植物更为适合，它们能承受较差的光照条件，在阴凉的环境中生存。

注意！ 避免将植物长期置于朝北的房间内，否则会影响植物生长。所有植物都需要光合作用。

朝南的窗户：光线充足，某个时段日光强烈

选择需要大量光照和高温的植物。杂色或斑驳叶片的植物通常喜阳。叶片的颜色越白，植物能承受的热量越高。来自沙漠地区的热带植物，包括仙人掌、多肉等带刺的毛茸茸植物，都适宜摆放在朝南的窗台上。

注意！在晴天和夏季，朝南的窗台温度相对较高，记得增加浇水的次数。不过切勿选择正午时分，因为留在叶片上的水滴相当于凸透镜，会聚集光线，烧伤植物。

朝东和朝西的窗户：光照较充足，但避免了正午阳光的直射

东西朝向的房间适合大多数植物生长，选择范围广泛。

注意！留意窗外的景观和建筑。一幢高楼、一棵大树、一个阳台所形成的阴影区域均存在很大差异，因此在选择盆栽植物时必须考虑光照面积。

就算是室内盆栽，季节的更替同样是重要的考量因素。没有一种植物能够全年开花，冬季来临，户外植物进入休眠，室内盆栽同样需要休息。天竺葵就是一个很好的例子。冬季，天竺葵需要保持环境阴暗凉爽，等待春季来临时再度萌芽。建议按照季节选择不同的植物，保持屋内蓬勃盎然的景象。

解决声学问题

新建公寓和开放式住宅，或多或少都有声音方面的问题。建筑坚硬的外墙，再加上房屋内墙和门数量的减少，这些加剧了声音的振动，使得声音问题更加严重。面对噪音、回声和混响等问题，我们可以运用一些设计技巧来改善。

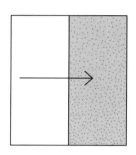

吸收

使用能够吸收声波的吸音材料，可以有效降低房间内的噪音。不过要注意，隔音效果过强的房间会让人产生不适和压迫感，应做到平衡，不要过度使用吸音材料。

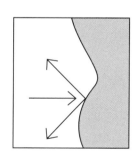

扩散

如果声波无法被吸收，可考虑采用扩散的方式使之分解，并向各个方向传播。

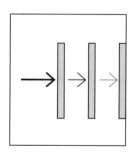

衰减

将房间划分为若干较小的区域（声场），利用家具或屏风形成各种阻隔声波的屏障。

纺织品

质地柔软的纺织品具备良好的吸音性能。窗帘、靠枕、毛毯、桌布、帷幔，甚至悬挂在架子上的毛巾都可以用来吸收扰人的噪音。布料越厚实，吸音效果越强。使用羊毛、天鹅绒等高密度纺织品，或者像酒店一样将窗帘从天花板垂坠到地板上，都是不错的选择。如果选用吸顶式双轨结构，可以用厚重窗帘遮挡阳光，再添加纱帘过滤光线、保护家具。窗帘悬挂在距离墙壁 10 厘米的地方，可以达到最佳效果。窗帘的褶皱越多，吸收声波的效果越强。

书架

书和填满书的书架是最好的消音器，由于其材质和不规则的形状，它们可以破坏声波。在开放式住宅中，书柜和书架可用作房间的屏障，大幅减弱传播中的声波。

软体家具

沙发、扶手椅、坐垫等软体家具都能有效降低噪音。在开放式住宅中，带靠背的软件家具也可以发挥声障的作用。在摆放家具时，可以换个角度思考，比起靠墙放一张大沙发，或许两张沙发面对面放在房间正中，消音的效果会更胜一筹。

地毯

在硬木地板上铺地毯，能够有效减弱脚步声。大而柔软的粗毛地毯和全覆盖的贴合地毯都是性能良好的吸音材料，可用于隔音较差的卧室和游戏房。不过质地轻薄的地毯吸音能力有限，想达到最佳效果，还是选用质地较厚的地毯比较稳妥。

生活中常见的噪音

- 质地坚硬的表面产生的回声
- 开关房间门、衣柜门、橱柜、抽屉的声音
- 踩踏地板的脚步声
- 椅子划过地板的声音
- 冰箱、冷柜、洗碗机、洗衣机等电器运转的声音
- 通风系统、空调、风扇等发出的嗡鸣声
- 下水道传出的回响
- 电脑和电子产品产生的音效
- 户外高速公路产生的噪音
- 公交车、应急车、有轨电车、火车、地铁产生的噪音
- 临近机场，飞机起降的轰鸣声
- 来自建筑工地或装修现场的噪音
- 游乐场、学校、托儿所的喧闹
- 因隔音效果较差传出的邻居的噪音

植物

植物能够有效地阻隔声波抵达质地坚硬的玻璃窗所产生的回响，因此可以在窗台摆放叶片较大的绿植。

房间角落也是噪音容易聚集的地方，可在角落摆放适合室内栽种的树、大型爬藤植物等。

软质材料和硬质材料

质地坚硬的家具、金属材质的灯罩、带有玻璃门的展示柜、混凝土或玻璃材质的桌面，这些都会放大本就扰人的噪音。因此，添置家具时，务必设法加入更多柔软的吸音材料。

如果家里的噪音很严重，可购买吸音板，装在天花板、墙壁或桌面下。

播放音乐

酒店、餐厅和购物中心会用音乐来营造特殊的气氛。这些场所往往选择低沉而舒缓的音乐，给人沉静的感觉。在空间设计中不妨借鉴一下这个思路。一些酒店甚至有专属歌单，以此作为特色。

来自空间的挑战

对于住宅本身的特点和风格，我们常常会感到些微的遗憾或不满。比如，空间拥挤、天花板过低、空间过于空荡容易产生回声等。

接下来，我会就如何调节空间感做出分享。如何做最小的改动让空间显得更宽敞，这样的诉求较常遇到。当然，也有与之相反的诉求——有时客户觉得房间过大，不够温馨和舒适。我会从两方面来分析。

如何让空间显得宽敞

我们通常希望在面积较小的房间获得更多空间。参考方法如下。

选择浅色调

轻盈明亮的浅色调墙壁、天花板和家具，会让人感觉更开阔。

避免窗户有任何遮挡，保证光线充足

想让更多的光线进入房间，一定要避免大件家具遮挡窗户附近的区域。室内设计师通常会对家具摆放的位置提出建议，以保证充足的采光。

选择尺寸合适的家具

庞大笨重的家具会让房间显得局促，给人装修过度的感觉。适合空间面积的家具和装饰非常重要。可参考"比例和尺寸""三分法"那部分内容。

选择质地轻盈的纺织品

厚重的深色纺织品会无形中让空间显得狭小沉闷，影响房间的声学环境，使空间变得更压抑。轻盈的浅色纺织品则给人以轻松活泼的感觉。更多信息可参考"视觉重量"那部分内容。

利用线条制造视错觉

垂直线会让天花板看起来比实际高，水平线会让房间显得更宽。因此，想让房间变得宽敞，应该尽可能地选择高而窄的柜子。可参考"线条魔法"那部分内容。

妙用镜子

合理利用镜子,能够有效地在视觉上扩大房间的面积。镜子还有助于照明，镜面越大，效果越明显。

强调角落

照亮房间的角落并适当增添装饰，空间会呈现和留白时截然不同的效果。

选择透视感强的装饰画

透视感强的画作（风景画、描摹线条的图画）能够增强纵深感和空间感。

选择纵深较浅的橱柜和书柜

如果条件允许，尽量购买纵深较浅的书柜、抽屉柜和橱柜。一些生产商会针对同一款家具提供不同的尺寸，纵深较浅的家具所占空间较小，不会过多影响到视野范围。在一个较为局促的空间内，相比于 60 厘米深的橱柜，30 至 40 厘米深的橱柜或许只是略窄了一些，但给人的视觉感受完全不同。

地板留白

一览无遗的地板会让空间显得更宽敞。广告商都熟知这一点。你大概也注意到了，家居广告中很少会出现地毯，陈列的家具也比较少。通过有意识的安排，在视觉效果上房间会比实际大一些。

你还可以使用壁挂式置物架、玻璃面板茶几等家具，有意识地扩大空间感（注意家具之间也要留出适当的空间）。

利用死角

将平时忽略的死角用作收纳空间，是紧凑型空间设计的一大亮点。通过对死角（床底、衣橱上方、橱柜内、沙发底、洗脸池下、门后等）进行优化改造，比如添置储物篮、挂钩或定制储物柜，能够巧妙地增加收纳空间。

如何让空间变得紧凑

与客户交流时，我经常会被问到，如何在开放式住宅内创造更多空间。许多现代住宅设计宽敞、通风性好，然而在追求私密性和温馨感的时候，这些优点却带来了不小的挑战。那么，针对过于空旷的房间，是否可以通过调节，营造出紧凑的感觉呢？当然可以。只要参考以上扩大空间感的办法，反其道而行之，选择深色调、避开镜子、使用图案繁复的墙纸即可。除此之外，在不建造内墙的情况下，还有以下技巧可供参考。

划分区域

如果房间之间没有明显的分界，比如厨房、用餐区和客厅连为一体，可以通过给墙壁着色或给家具分组来划分区域。利用墙面或地毯的差异，或是长条柜和边桌的隔阻，可以在空间内划分明确的边界。根据每个区域的主要功能(烹饪、用餐、社交、休闲)，逐一优化。

从中间向外进行设计

与小房间相比，大房间内家具的尺寸规格显得并不那么重要。因此，你可以从房间中心开始，呈放射状向外进行设计布置，也可以独立摆放家具，不一定要靠着墙。

分区照明

调暗灯光，照明效果更为柔和，可在空旷的房间内营造更加温馨舒适的感觉。因此，可以购买具有调光功能的灯具。对于面积较大的房间，我们不必将其视作整体，可以分成不同区域来设计照明。即使没有墙壁或隔断，我们也可以利用光源划分出想要的空间，比如在桌子上方悬挂一盏灯。

巧用纺织品

使用大量纺织品装饰墙壁、地板和家具，能够有效减少房间内产生的回音，解决噪音困扰，营造温暖舒适的生活氛围。

头顶上的细节

通过改变头顶上方的空间的设计来让房间变得紧凑，这听起来可能有些荒谬，但根据我在设计和装修时的经验，这一看似荒谬的做法反而能收到意想不到的效果，如果设计得当，整个房间的紧凑感会更强。我曾负责设计过一家摄影工作室，摄影棚设在一座废旧工业建筑中，地板到天花板的高度将近 4 米。我打造了一片 4 米高的巨大背景墙，并将各种设备和器材安放在较高的位置，使得整间摄影棚紧凑而充实。

避免沙发背对门口

室内设计师通常会建议不要将沙发背对门口放置，以免因视野受阻引发不安全感。可参考"可视域"那部分内容了解更多信息。

不要让房间像保龄球馆

我们通常将家具靠墙放置，这样很容易让较大的房间看起来像保龄球馆，甚至像舞厅。这是因为中央区域缺乏有效利用。试着抛开固有的空间设计思维和原屋主留下的框架，寻找新的解决方案。如果原有家具不合适，不如全部换掉吧。

打造自己的书柜

如今，书柜除了陈列书籍外，很多人还会在上面摆放其他物件，有意识地打造兼具多种元素和主题的装饰柜。书柜通常是房间中体积最大的家具，自然成为引人注目的焦点，一旦出现了不和谐的细节，便会显得格外刺眼。

那么，我们该如何打造书柜呢？这些年，我积累了不少经验和方法，供大家参考。

按照首字母顺序排列

整理图书时，按照书名或作者的首字母排序是最合乎逻辑的方法。对于拥有大量藏书，且要在第一时间找到所需图书的人来说，这种方法最为便捷和实用。小说的开本大多相同，因此从外观来看并不会显得突兀。

按照书的大小排列

如果家里的藏书大小不一，并且你没有按照字母找书目的需求，可以将书从低到高、从小到大进行排列，反之亦然。

中间高两边低或中间低两边高

除了按照从低到高这种单一的排列方法，还可以将最高点或最低点置于中间，逐渐向两边递减或递增，形成山峰或山谷的造型，在书柜上打造动态的效果。

将书作为书立

如果家里的藏书不足以填满整个书柜，不妨将某些书水平放置，充当书立，这样能显得充盈和稳固。

彩虹陈列法

几年前，书柜的彩虹陈列法在社交媒体上迅速流行起来。彩虹陈列法，即按照色谱来排列，使书柜的整体色调接近彩虹。当然，如果你的书大多是中性色调，也可以参考这一方法。

包装纸

在制作家居广告时，房产经理人和商业设计师通常会用包装纸包住书脊和封面，让书柜显得整齐划一。你也可以参照这种方式，根据个人喜好改变书脊和封面的颜色，还可以在包装纸上用喜欢的字体打印出书名和作者。

和书相得益彰的装饰品

旧报纸

杂志期刊

小型储物盒和纸箱

收纳罐和收纳盒

代表度假回忆的贝壳、石头、纪念品

雕塑

各种材质的花瓶

放在玻璃罐内的烛台或蜡烛

玻璃器皿

带相框的照片

盆栽植物和具有垂坠感的爬藤植物

小玩意儿

除了书，还有很多装饰品适合摆放在书柜上。利用收集来的装饰品和一些零碎的小物件，就能在原本平平无奇的书柜上创造出意外的惊喜和活力。添加一些几何形状的静物，打破书柜沉闷古板的样子吧。

改变放置角度

大开本的精装书、杂志和画册一般都有不同的尺寸，而设计精美的封面往往比书脊更具观赏性。如果这类藏书较多，则考虑在书柜上设计倾斜式置物架，既可以展示封面，也可以形成错落有致的美感。书柜不一定要做到整齐划一，有时改变置物架的角度会收获意想不到的效果。

为书柜创造平衡感的技巧

凌乱无序的书柜会显得家里一片狼藉，而陈列整齐的书柜搭配合适的装饰品，会使房间更整洁美观，让人赏心悦目。

只是将书陈列在书柜上的话，书脊的颜色和尺寸可以作为排序依据，但这一排排书本身，在结构和设计上也有讲究。

如果你不满足于此，而想添加一些装饰和摆设，那在设计书柜时必将面临更大的挑战。当然，其中也有技巧可循。

1）不要将烛台或蜡烛作为光源直接放在书柜上。万一不慎点燃，很可能在书上留下烟熏的痕迹，甚至引发小火灾。

2）如果将书和装饰品混搭，切忌将书柜摆放太满。留出大约 30% 的空间，避免书柜过于拥挤，看上去反而局促。

3）结合视觉重量的理念，将视觉效果最重的书和装饰品摆放在书柜的最下层。

镜像反射技巧

根据镜像反射原理，可以让书柜左右对称，给人以平衡和谐的印象。哪怕书和装饰品无法摆得井然有序，依然可以利用重复和对称营造出秩序感。

三角形法

另一种常见的方法称为"三角形法"。选择三种颜色和材质相同的静物，作为三角形的三个顶点放在书柜上，这样可以有效地吸引注意力。如果设计巧妙，还可以在同一个书柜上反复使用此方法。

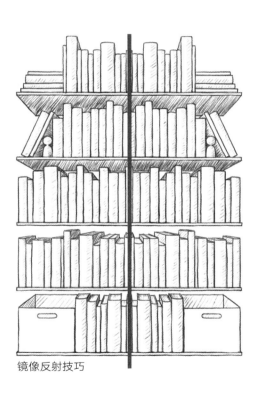

镜像反射技巧

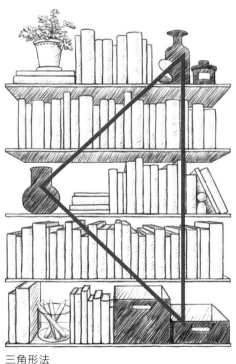

三角形法

沙发、座椅和茶几

　　人们常说，厨房是一个家的心脏。那么，供我们休闲放松的客厅，应该占据怎样的地位呢？日常生活中，它们发挥的作用往往比我们想象的更重要。由于组合和搭配的方式多种多样，对沙发和茶几的设计或许更具挑战性。在接下来的内容中，我整理了一些实用技巧，在摆放沙发、座椅和茶几的时候可供参考。我同样会提到一些关于比例、位置、静物组合和装饰性靠枕的经验和理念，希望能让你从中获得灵感。

坐姿不仅由坐时的舒适度决定，还取决于沙发或扶手椅所占的空间。相比于直立坐姿，半平躺式坐姿需要占用更大空间。

风格与舒适度

　　客厅里的沙发和座椅往往占据的空间最多，是体积最大的家具。无论从功能还是审美角度来说，沙发和座椅都是传递家居设计风格的重要媒介。正是因为占据的空间最大，房间内的其他家具似乎都黯然失色了，因此必须严格遵照设计既定的红线来选择，避免房间整体风格产生偏移。

　　很多人对客厅的设计感到失望，总是找不到想要的感觉，这是因为忽略了其中最显眼、最重要的东西。比如一张沉闷的黑色真皮沙发，或是从原来住的地方搬来的家具和物件，它们和新家格格不入，破坏了想营造的氛围。如果执意保留这些家具，哪怕在配套设施中下足了功夫，用尽了心思，也未必能够达到理想的效果。

在这种状况下，首先应该做的是接受现有的家具，调整和改变整体设计风格，或坚持既定的风格，替换旧家具。如果选择了后者，还可以把旧家具放到二手市场上售卖。

当你决定购置全新的沙发和座椅，我的建议是，在采购时保持冷静和理性。当然，如果你充满自信，并渴望尝试更为大胆的设计和款式，完全可以跟随直觉。但你仍有所犹豫的话，以我个人的经验，在添置大件家具时尽量选择简单且不那么艳丽的款式，避免过于时髦和另类的设计，一来能够有效减少因后悔而造成的不必要开销，二来可以节约资源。

对于那些渴望变化和喜欢挑战的人来说，更换沙发上的靠枕是比较稳妥的做法。

 选择正反两面都可使用的靠枕套，这样会更耐用。一些布艺沙发的沙发套可以拆洗，如果想改变风格，也可替换其他颜色和图案的沙发套。

对于大多数顾客来说，沙发的款式和外观至关重要。由于沙发的价格相对高昂，在考虑外形的同时，应将关注点放在自己的偏好和习惯上。如果其他家庭成员也会频繁使用沙发，我们还要顾及他们的需求。在决定购买哪种类型的沙发前，不妨问自己以下几个问题，如果答案是肯定的，你的选择也会变得一目了然。

- 坐在沙发上时，挺直腰板，保证双脚着地，这对你很重要吗？选择座位较窄，质地较硬的沙发吧。

- 坐在沙发上时，希望能够保持半躺的姿势，并尽量放松双腿？那就选择座位较宽、质地较软的沙发吧。

- 你和家人弯腰或蹲起时感觉吃力？试试带有靠枕且有一定高度的沙发。

- 你家中有小孩或宠物吗？他们在家中活动时不能有太多障碍。考虑较矮的沙发吧。

 避免将深色沙发放在朝南的地方，因为强烈的光照可能会导致沙发面料迅速老化和褪色。

茶几的高度与造型

在选购茶几时，茶几的长度不要超过沙发的外边缘，不少室内设计师建议长度保持在沙发总长度的三分之二左右。在和转角沙发搭配时，茶几的造型还应有别于整个房间的形状。举例来说，假如沙发前的开放区域为正方形，最好不要搭配正方形的茶几，选用圆形、椭圆形或长方形的茶几，这样可以打破空间固有的线条，另外可以利用各种几何图形的组合，创造更为和谐的构图。

选择茶几的注意事项

- 沙发的长度（茶几的长度应该在沙发总长度的三分之二左右）；
- 沙发的高度（茶几的高度应该在沙发高度的上下10厘米左右）；
- 沙发前的空间（茶几不宜过大，这样会完全占据沙发前的空间；茶几也不宜过小，否则拿取咖啡杯等物品时会非常吃力）。

茶几的高度不要与沙发完全齐平。根据使用习惯决定茶几应该略高还是略低于沙发。如果经常在沙发前喝咖啡或填写报纸上的文字游戏，较低的茶几恐怕不太合适。如果将沙发仅作为休息场所，较高的茶几反而会影响舒适度。

一般来说，宽大的转角沙发搭配低矮的茶几是不容易出错的选择。也可以选择一套组合式茶几，由两三张高低不同的小茶几组合而成，无论是坐还是躺在沙发上，都不会感到不便。要是想缓解房间内的局促感和紧凑感，带有玻璃面板或纤细桌腿的茶几会有不错的效果。

茶几的设计与造型

家居杂志的图片上，很少出现空空荡荡的茶几。然而在现实生活中，我许多朋友家里的茶几上就是光秃秃的，什么都没有。

室内设计师通常会在茶几上摆放静物组合。茶几上既适合放实用性强的必需品，又适合点缀烘托气氛的装饰品。可参考"静物组合"那部分内容给出的建议，结合"黄金螺线"提到的方法来设计。由于大多数茶几都比较低矮，这就需要根据观察的角度，从侧面和斜上方切入进行设计。

选择想要摆放的物品，如图所示（P166）进行分类。

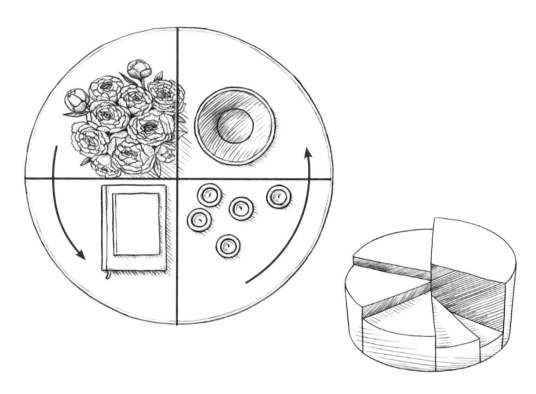

形状

- 有棱角：正方形或矩形物体，比如书本、收纳盒、报纸杂志、小托盘。

- 圆润：圆形或椭圆形的物体，比如碗、花瓶、圆形小蜡烛。

- 有机形状：线条不连贯、不规则的物体，比如异形碗、贝壳、鹅卵石、烛台。

材质

- 有生命力的，比如鲜切花、树枝、盆栽。

- 透明的，比如普通玻璃、有机玻璃。

- 木质，比如碗碟、托盘。

- 金属，比如黄铜制品、铬金属制品、银器、锡器、铜器。

跳出整体的概念，将茶几划分为若干区域。矩形茶几通常可以三等分，圆形茶几则四等分，按顺时针或逆时针在高度上体现螺旋形递进的层次感。

可以借鉴黄金分割和斐波那契螺旋的概念。比如，将一束花设为最高点，然后沿螺旋形下移至最低点—— 一堆书刊、几个低矮的烛台或者一个扁平的盘子。利用这种方法，可以消除茶几上的零星物品带来的孤立感。

还记得吗？

1）在矩形茶几上设计静物组合时，参考三角形法则，利用静物的高度差在垂直空间内构建三角形。

2）参考侘寂和不均整的理念，在茶几上加入不规则的元素。

3）在茶几的静物组合设计中，你还可以参照 60/30/10+B/W 的配色法则打造更具动态的效果（请参考关于"色彩搭配"那部分内容），别忘记添加少量的黑色。

组合沙发的设计

　　布置客厅的方法多种多样,但我们在日常生活中见到的布局似乎大同小异。在房间的这边摆上一张沙发和一张茶几,然后在另一边摆放电视机及其他影音设备。这便使电视机成为客厅中当仁不让的主角,无论我们做什么事,总会不自觉地围绕在电视机周围。因此,想创造更好的社交氛围,可以考虑调整组合沙发的位置,加强人们彼此间的眼神交流。

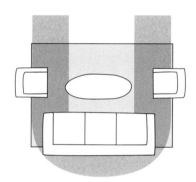

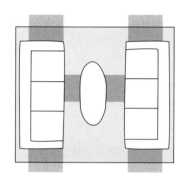

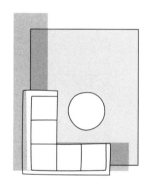

U 形
以电视机为中心摆放沙发和两把扶手椅,这样可以增加眼神接触和交流的机会,适合既想看电视又想聊天的人。

H 形
两张沙发面对面放置,或者一边放沙发,另一边放两把椅子,这样可以在对谈时双方毫无障碍眼神接触和交流。电视机成为次要的,但仍可以从某些角度观看。

L 形
L 形的组合沙发设计适合较大的客厅,或作为空间内的隔断。通常采用转角沙发或搭配脚凳的沙发。

交流距离

座位间的距离也需要考量。即使拥有足够大的空间，茶几和沙发的间距也应尽量控制在一定范围内，以免交流时出现尴尬的状况——双方必须提高嗓门才能保证聊天顺利进行。室内设计师建议，社交场合中聊天范围的半径不应超过 3 米。如果感觉过于空旷，可以在沙发背后添置小件家具（如低矮的书柜或边桌），填充过剩的空间。

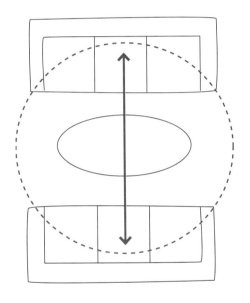

 沙发上放几只靠枕合适？按照沙发座位的数量来确定靠枕的数量并不一定适用。举例来说，三人座的沙发可能搭配三只靠枕，也可能搭配两只或四只靠枕。这是一个设计问题。保险起见，不妨拿出尺子测量一下。室内设计师通常建议为每个人留出 60 厘米宽的空间。

避免产生积木式的堆砌感

在客厅放置转角沙发时，要保证周围有足够的空间，免得让人感到局促。因此，根据房间面积选择比例合适的沙发至关重要，同时不要搭配体积太大的茶几，否则会占据沙发前的空间，给人留下拥挤的印象。

选择大块地毯

大块地毯可以平衡大沙发造成的压迫感。如果在地板正中间铺一块小地毯，周围沙发的体积则会显得格外庞大。

巧妙利用边桌

相比于直排沙发或扶手椅，转角沙发占据的空间更大，也能够容纳更多宾客，但坐在边上的人距离茶几可能较远。解决办法是使用边桌来放置咖啡杯和杂志。

照明点

相比于小沙发，大沙发对照明面积和照明质量提出了更高的要求。尤其是转角沙发，只配备一盏落地灯或台灯往往不够。因此，需要根据沙发的体积和座位数来平衡照明点的数量。

装饰靠枕

家居杂志和房地产广告上经常出现两人或三人座的沙发，上面装饰着几只赏心悦目的靠枕。

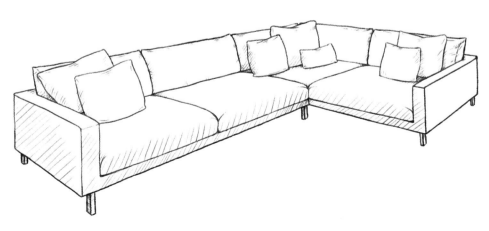

接下来，我会详细介绍如何在转角沙发或组合沙发上摆放靠枕。基本思路是，组合不同形状和尺寸的靠枕，形成三角形轮廓。

对于转角沙发来说，最理想的效果是将靠枕集中放置在三个角落里。如果其中一端是沙发床或贵妃榻，则可以在尾端铺上一块毯子，比如羊皮毯，也可以搭配同样面料的脚凳，增强整体风格的统一性。

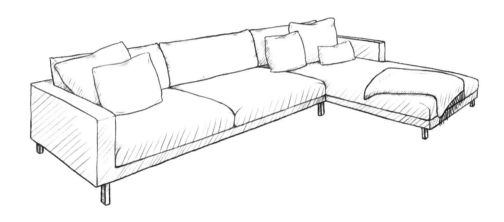

- 参考奇数法则。
- 想给人留下更紧凑的印象，可以通过重复和对称创造平衡感。
- 靠枕大小不一，可利用其不同形状和尺寸构建出三角形轮廓。
- 如果想体现动态效果，则应避免镜像对称，切忌在沙发两端摆放数量、大小相同的靠枕。可参考奇数法则，并混合使用不同图案的靠枕打破呆板的风格。

靠枕的摆放和装饰技巧

　　根据想要营造的氛围，室内设计师会设计出不同的靠枕摆放组合。在典雅的环境中，通常采用镜像对称，用面料精致的靠枕营造整齐的效果。而在轻松随意的氛围里，则偏向选择大小和形状不一的靠枕进行搭配，创造活泼灵动的感觉。

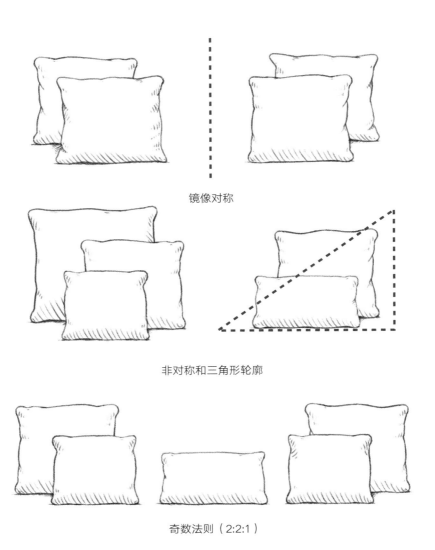

镜像对称

非对称和三角形轮廓

奇数法则（2:2:1）

空手道造型技巧

每一个拥有装饰性靠枕的人都知道，靠枕是多么容易被压扁变塌。大多数人知道通过拍打可以让靠枕变蓬松恢复造型，却不知道室内设计师还有一套空手道造型技巧。

如果翻阅家居杂志或是参观酒店宾馆，就一定能明白我的意思了。房间中摆放的靠枕很少是光滑平整的。有时，稍显凌乱的陈设反而会增加情趣和生机。靠枕的摆放也是如此，尤其是填充感强、蓬松度好的高品质靠枕，些微的调整便能使它们焕发新的活力。

所谓空手道造型技巧，简单来说，是使用空手道的招式在靠枕顶部或中央制造凹陷。将靠枕拍打蓬松后，用手劈出一个或多个凹槽，或是攥紧拳头击打枕芯，让靠枕显得更饱满，造型更生动。虽然看起来有点傻乎乎的，但这的确是室内设计师常用的方法，无论是什么样的靠枕，都可以获得不错的效果。

如果靠枕是丝绸或其他光滑的材质，用这个方法，可以在其表面制造一定的阴影，使靠枕的轮廓更加清晰、立体。原本软塌塌的靠枕也会因此显得更稳固和舒适。

对于有孩子的家庭来说，靠枕的凹陷和阴影还能有效遮盖表面的污渍和斑点。

单击 = 单次击打靠枕顶部

双击 = 分别击打靠枕顶部和两侧

正击 = 击打靠枕正中间

铺床技巧

你是不是总觉得，自家的床远没有广告杂志或酒店房间里那样有吸引力？应该如何整理床品，才能既做到美观，又有家一样的温馨呢？

很多室内设计师的诀窍是，用好几层被子、床罩以及多个枕头、靠枕，打造膨胀柔软的效果。这些床品的数量比肉眼所见要多得多。

用坚实的基础打底

一张"成功"的床，不仅看上去漂亮，睡上去也舒服。床品和靠枕的选择固然重要，而最重要的莫过于打好基础——一床蓬松柔软的被子。

高品质的被子和枕头值得花大价钱投资，因为填充物的材质十分关键。有些被子刚买的时候手感柔软蓬松，但几年后，就会迅速变得劣质。使用羽绒有可能给动物造成伤害，因此这种填充材料始终有争议。想确保买到正规产品，就要对羽绒的来源和生产厂家的情况了解透彻。被子中使用的羽绒通常来自工业屠宰的鹅和鸭。填充物中鸭绒（鹅绒）所占的比例越大，被子的价格就越贵。羽绒本身的质量和清洁度也是决定成本的因素。

此外，被子接缝处的设计也会影响使用寿命和舒适度。缝合不牢固、针脚粗糙的被子很容易变形，并且难以补救，但质量上乘的被子则可以长期使用。

床裙的妙用

除了床头板，漂亮的床裙同样可以提升整体效果。床裙铺在床垫下面，能够巧妙地掩饰难看的床脚。床罩的款式图案和床单被褥（甚至是布艺床头板）相得益彰，看上去就会很和谐。铺之前，一定要记得用熨斗将折痕熨烫平整。

关于床上用品的数学问题

　　想追求杂志图片上或酒店房间里床铺的效果，只摆放两只枕头肯定远远不够。室内设计师通常会用到许多尺寸不同的枕头。不必照搬广告图片中的设计，只需要在双人床床头再多添几只大小不一的枕头，就能立刻得到令人惊喜的效果。从下列图示中，可以明显看出枕头造型的变化对床外观的影响。

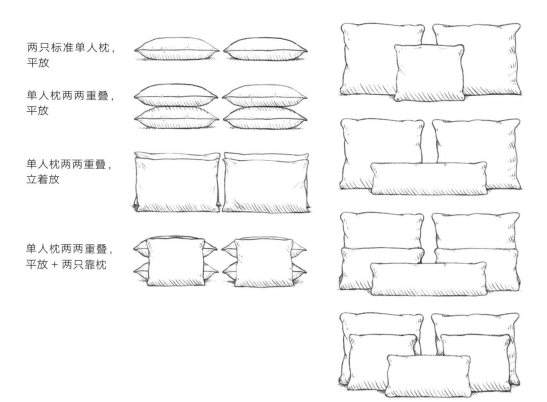

两只标准单人枕，
平放

单人枕两两重叠，
平放

单人枕两两重叠，
立着放

单人枕两两重叠，
平放 + 两只靠枕

担任家居广告顾问的室内设计师通常使用不止一床被子，床罩和毯子的使用数量也远远大于普通家庭。这完全是为了美观，在现实生活中不具备模仿性，不过我们可以借鉴这个思路，尽可能多地使用一些床上用品。

 节省预算的小窍门：用单色亚麻布料包裹住一张约 90 厘米宽的床垫，做成双人床的床头板，然后将多余布料折叠起来，隐藏在新床头板和墙壁之间。

颜色同样是需要考虑的因素。相比于单色的床上用品，色彩和明暗度的多样化能够产生截然不同的效果。有意识地挑选和搭配床单、被子、床罩和枕头的颜色，能为床品注入更多活力。

挑选一块适合自己的床头板。大多数酒店房间的床铺设计，倾向于让枕头和靠枕呈现一定角度的倾斜，而非完全平放在床上。这要求床头板在视觉上要远高于枕头和靠枕叠加的厚度。床头板越高，给人的感觉越可靠和舒适。

卧室的设计和布置应该尽可能做到简约。较少的干扰是良好睡眠质量的保证。要想实现这一目标，简单的办法莫过于整理和清洁床头柜。在酒店房间和家居广告中，很少看见床头柜上堆满杂物，因为这样会给人一种很乱的感觉。为了避免视觉上的干扰，不妨将常用物品放进床头柜的抽屉内。床头柜上，可以摆放一小盆绿植、闹钟、首饰盒（或临睡前需要取下的物件）、一本正在阅读的书或一只精美的玻璃杯。

用植物来装饰

生机盎然的植物在室内设计中非常重要，因为它们为人造材料组成的环境中加入了清新的自然元素。之前我们提到，摆放在窗台的绿植既实用又美观，其实只要设计得当，绿色植物可以为家的各个角落带来不一样的气息。

大型植物和盆栽植物

我曾经观察家居图片的细节，试图找出让房间更温馨的方法。我意识到植物对舒适度至关重要，尤其是那些粗壮的、生命力旺盛的大型植株。或许是由于持续生长带来其高度和尺寸的变化，大型植物能够赋予整个家无可替代的风格和特色（更多内容可以参见"尺寸和比例"那部分内容）。盆栽植物当然也会给予房间绿意盎然的感觉，但与大型植物相比，缺少属于自己的历史感。如果将你在第一间公寓或第一幢房子内栽种的植物保留至今，不仅会让住宅焕发生机和活力，还会展示独属于你的特色。

来自继承或赠予

从亲戚朋友那里获得植物不失为一个讨巧的途径，说不定他们因为搬家或其他原因，正好有一些植物需要出手？亲朋好友去世时，接管照顾他们留下的植物也是一种纪念方式。外婆去世时曾留下一盆蟹爪兰，当时我在上学，没有地方养它，只能忍痛割爱，至今仍令我深感遗憾。如今，每当自己栽培的蟹爪兰开花时，我都会想起外婆，内心感到格外温暖和宽慰。

花卉市场和园艺店

如果不太可能从熟人那里获得现成的绿植,就去当地的花卉市场逛一逛吧。那有各种各样的植物可供挑选, 如果市场里没有想要的, 也会提供订购服务。当然, 园艺店也是个不错的选择, 你能在那找到一些别处没有的奇花异草, 并得到专业人士更为详细和中肯的建议。

混搭

如果手边的确找不到任何大型植物, 只有小盆栽, 不妨借用室内设计师的办法——混搭。买一只足够大的花盆, 填满肥沃的栽培土, 然后将各种小植物种在一起, 这样就形成了一片茂密繁盛的小绿地。

花盆的选择

1) 植物有多大? 根据植物的尺寸, 选择合适的花盆。植物的根系需要足够多的土壤提供养分,因此可以向专业的商家咨询。纯粹从美学角度出发, 有一个更为简单的办法:花盆的高度应该与植物露出土壤部分的高度达到一定的平衡比例。按照三分法, 大致为花盆占三分之一, 植物占三分之二。

2) 花盆和植物,谁是焦点? 首先要确定希望让谁成为主角,谁充当配角,再选择花盆的颜色和材质。

3) 放置植物的房间,哪种装饰风格占据主导地位? 根据房间的风格,决定花盆的颜色、形状和图案。

4) 如果使用双层花盆, 外面的花盆通常要比里面的大 2 厘米左右。这样有利于空气流通。

5) 较大的花盆可以放入更多土壤, 保持水分的能力比小花盆强, 因此可适当降低浇水的频率。

房间内的植物

客厅里的大型植物或浴室内的爬藤植物都能让房间焕然一新。你可以改变爬藤植物的位置，任其顺着置物架或展示柜的边缘蔓延生长，形成绿色的轮廓；也可以将盆栽融入抽屉柜、边柜或茶几上的静物组合中，形成错落的层次感。如果打算让盆栽为阳光不够充足的房间增添一抹生气，记得选择适合放在朝北窗台上的植物。

一般来说，在浴室等相对潮湿的环境中，更适合栽种喜湿的热带植物，当然还要依据浴室的光线强度而定。

创造高度差和层次感的物品

花架	长凳
置物架	旧电话桌
有脚花盆	置物架和托板
悬吊式花盆	植物墙
壁挂式花盆	植物窗帘（爬藤植物形成的窗帘）
壁挂式花瓶	

空气净化器

绿色植物还能净化室内空气。要想吸收空气中的苯或甲醛之类的有害物质，绿箩、虎尾兰、白鹤芋都是价廉物美的选择。虽然有人认为，这类植物需要大量栽培才有效果，可我觉得有总比没有好。

选择生命力强、可以扦插繁殖的品种。这样只需要承担单个盆栽的成本，可节省未来更多盆栽的开销。如果想要绿植的品种多样化，还可以将分盆栽种的多余植株拿出来和朋友交换。

装修期间对植物的保护

之前建议，装修期间必须将盆栽彻底隔离数周。特别是如果需要重新粉刷墙面，铺贴墙纸或更换地板的话，强烈的气味和使用的化学物质可能导致某些敏感植物枯萎。

不过，现在的涂料、墙纸胶黏剂和地板黏合剂等在健康方面遵循着更为严苛的要求，释放到空气中的有害物质可以忽略不计。还是担心的话，不妨将植物转移到安全地带或交由他人代管，直到装修结束。

地毯的尺寸和比例

室内设计师常说，地毯是房间的第五面墙，这个说法是不是很新奇有趣？对于那些不愿意粉刷墙壁或贴墙纸的人来说，改变地毯的颜色、形状和尺寸也许会让房间的面貌截然不同。如果犹豫是否要做出永久性的改变，选择铺一块有图案的彩色地毯吧。

地毯的尺寸对家具而言过小或完全没有考虑添置地毯，是我的客户最常犯的错误。客户给出的解释往往是，地毯不实用，特别是餐桌下的地毯显得格外多余。面对这些反对的声音，我给出的理由是："没有糟糕的天气，只有糟糕的衣服。"所以，只要选对了材质，地毯就一定有其实用价值。如果担心食物残渣会留在餐桌下的地毯上，最好不要选择手工编织的长绒地毯，而应选择表面光滑、易于清洁的材质。不过总体来说，让地板完全暴露在外并不是一个好办法。

室内设计师建议地毯的形状应根据与之搭配的家具的形状而定，以免视觉上产生不平衡。圆形餐桌通常搭配圆形或正方形地毯，矩形餐桌通常搭配长条形或椭圆形地毯。至于客厅地毯的选择，则取决于你想要创造哪种区域和空间，不过基本原则是，地毯最好能完全覆盖住沙发所占据的空间。

究竟应该选择多大的地毯才合适呢？地毯的尺寸主要取决于房间的面积和家具的尺寸。室内设计师通常会建议，在地毯周围、地毯和墙壁之间，至少留出 20 至 45 厘米的宽度。

房间的面积

地毯不应过小，但也不应完全盖住整个房间的地板（除非故意用地毯遮盖陈旧或破损的地板）。总之，大房间选择大地毯，小房间选择小地毯。

家具的尺寸

地毯的尺寸取决于与之搭配的家具的尺寸，衡量的基本原则是地毯的长和宽不应小于沙发或餐桌。与餐桌搭配的地毯还应该更大一些，以保证餐椅拉开后，仍然不会超出地毯的范围。设想一下，如果地毯的大小比较尴尬，餐椅的两条前腿留在地毯上，两条后腿却被迫挪到了地板上，整个椅子就会变得晃晃悠悠，失去平衡。有时，房间会因为重新布置而发生比例的变化，所以室内设计师通常会建议在预算内尽量买大的地毯。

如果条件允许，根据房间面积和家具尺寸定做地毯肯定是最佳选择。

厨房和餐厅

地毯最好能容纳整套餐桌椅，不仅要考虑餐椅收进桌子的情况，还要考虑到拉出餐椅就座时的情况。一般说来，地毯的长和宽比餐桌大 60 至 70 厘米，但最好还是再测量一下餐椅拉出时，整套餐桌椅所占面积。

矩形餐桌

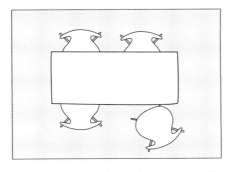 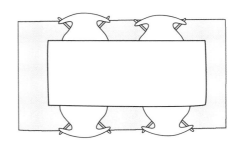

如果地毯尺寸卡得太紧，拉开餐椅后，椅子的两只后腿有可能会落在地毯外，椅子会失去平衡而摇动。另一种情况是，坐下后想移动椅子靠近餐桌，椅子腿可能会卡在地毯边缘。

地毯和餐桌

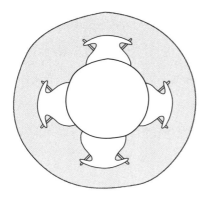 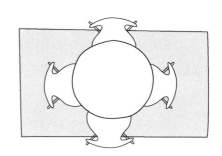

根据径向平衡原则，圆形餐桌通常搭配圆形地毯。

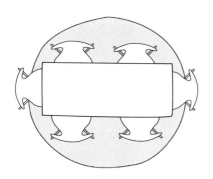 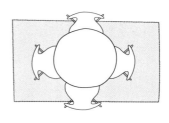

室内设计师一般不会用矩形餐桌搭配圆形地毯，或用矩形地毯搭配圆形餐桌。

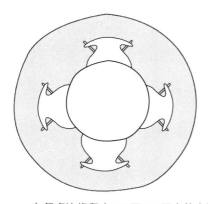 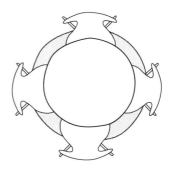

在餐桌边缘留出 60 至 70 厘米的空间，使得地毯能够完全容纳餐椅拉出时所需的空间。

预估地毯尺寸时，一定要记得考虑所有房门、陈列柜门和矮柜门打开时的情况。尤其当地毯具备一定厚度时，可能影响到门和抽屉的开关。

客厅

客厅中地毯的尺寸通常由沙发和茶几的尺寸决定。一般来说，地毯的长和宽不应该小于沙发。地毯的边缘在沙发外，整张地毯能完全容纳沙发和茶几，这是最为理想的情况。如果沙发靠墙，只要保证沙发的前腿在地毯上即可。

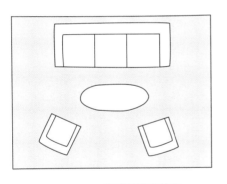

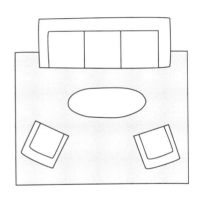

如果沙发靠墙，你可以选择让地毯覆盖沙发底下三分之一的面积（保证沙发的前腿在地毯上），或者让地毯覆盖沙发底下三分之二的面积（保证沙发四条腿都在地毯上）。

卧室

卧室里的地毯应与整个房间的面积和床的尺寸保持适当的比例。如果卧室面积较大，床边也留有较宽的过道，在选择大尺寸地毯的同时，还要考虑到三分法，尽量使地毯的宽度和床的宽度在比例上和谐。如果卧室面积较小，购买地毯时，则并不需要考虑床和其他家具的尺寸。

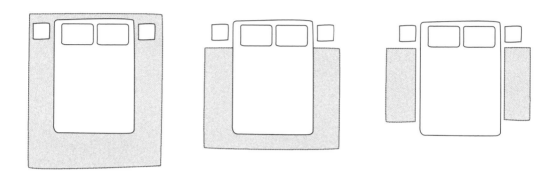

室内设计师通常建议客户选购较大的地毯，保证地毯边缘在床的两侧留有 60 至 70 厘米的富余（能够覆盖床头柜的范围）。你也可以选择在床的两侧铺两条较短的过道地毯，这样的设计更为灵活，不仅避免了双脚踩在地板上时冰凉坚硬的触感，还能为整张床增添锚定感。

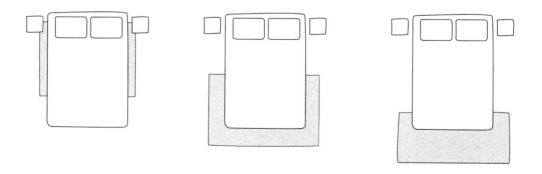

如果难以估算地毯和家具的合适比例，不妨用胶带在地板上贴出地毯的轮廓，更直观地预览铺地毯后的效果。

前厅

前厅是整个住宅中走动最频繁的区域，因此在选择地毯时，耐磨与否是考量的主要因素。由于前厅受到空间的制约和开门的限制，室内设计师会建议铺表面光滑的长条形地毯，防止灰尘和碎屑堆积。如果容易沾染污渍而又来不及清洁，可双面使用的地毯会是个实用的选择。此外，不要选择容易磨损的流苏缀饰，尽量采用厚实耐磨的包边装饰。

浴室

室内设计师会考虑在浴室内留出至少 70 厘米宽的过道，所以从某种程度上而言，浴室内地毯的大小取决于房间的面积和形状，以及壁挂式家具摆放的位置。如果因为种种限制而难以选择，可以将地毯铺在洗脸池前方，那里往往是人们站立和停留时间最长的区域。

> 美丽的地毯为平庸的地板增添了个性。
>
> ——艾尔莎·比尔格林

有关地毯的小知识

- 想使地毯在尺寸和形状上完全符合自己的要求，除了定制，加长和缩短地毯也是行之有效的办法。

- 如果看中了一款独一无二的长绒地毯，却因它的尺寸过小而遗憾，不妨略加改动：买两块一模一样的地毯，用宽透明胶带从背面将它们接合在一起，还可以铺一层防滑垫。

- 手工编织地毯的纹路和流苏的方向不同，可能会产生截然不同的效果。如果对放置的效果不够满意，尝试将地毯旋转 180 度。

- 地毯上是否有难看的污渍？用温水浸湿毛巾，压住污渍反复擦拭或用蒸汽清洁表面，也可以用软毛刷在局部刷洗。

- 光照和摩擦会影响地毯的外观。记住每年将地毯旋转一定角度，保持褪色和磨损的地方均匀分布。

- 地毯能够阻挡阳光，因此会在木质地板上形成晒斑，导致局部地板色泽暗沉。在条件允许的情况下，可以适时折叠或卷起地毯，让地毯覆盖的区域受到阳光的照射。

- 如果装有地暖，最好不要使用胶水黏合的地毯。地暖的加热线圈可能导致胶水融化，从而损坏地毯。

- 浅色地毯会因明暗对比而进一步突出深色家具，反之亦然。

- 质地较为轻薄的地毯，可以用防滑垫固定。

选择合适的花瓶

很多人面临这样的问题：家里究竟需要多少只花瓶，又该选购哪种花瓶？

我建议根据你最喜欢、最常购买的鲜切花来选择花瓶。当然，也要考虑其他情况，比如生日派对或聚会晚宴上收到的花，如果不找个合适的花瓶插起来，未免有些遗憾。

我们不妨从最常见的花入手，根据造型、高度、宽度和需水量，思考与其搭配的花瓶。

细颈窄身花瓶　　　　喇叭形花瓶　　　　束腰花瓶

沙漏形花瓶　　　　圆柱形花瓶　　　　窄口阔身圆形花瓶

单支切花

对一朵孤零零的花来说，细颈窄身花瓶可以将花的茎秆固定在合适的位置，保持其优美的造型和姿态。

捧花和花束

经典的捧花（如郁金香花束）和造型现代、富有活力的束腰花瓶相得益彰。束腰花瓶既能为茎秆提供稳固的支撑，又能保证叶子在顶部完美地散开。

长茎秆的花和枝条

茎秆较长的鲜切花（如玫瑰、百合）往往需要一只较沉的喇叭形花瓶，这样可以保证不会翻倒。蜿蜒细长的花枝（如樱桃枝、木兰）则要搭配窄口阔身圆形花瓶，以便更好地固定造型。

球根植物

球根类花卉（如风信子）并不需要太多水分，沙漏形花瓶可以将根茎与水分开，保证花朵的生长绽放。

隐私问题

许多现代住宅都配有全景式落地窗，可是住宅之间的间隔又相对较近。因此，在新建的住宅区中，如何保证邻里间的私密性成了巨大的挑战。庆幸的是，设计时除了巧妙利用窗帘和屏风，还有不少解决隐私问题的好办法。而对于带有私家花园或后院的住宅来说，调整和改造室外也有助于保护室内隐私。

保证私密性的窗户装饰

- 能够渗透日光并阻挡视线的薄窗帘
- 竖式百叶窗
- 水平百叶窗
- 琴键式百叶窗
- 蜂巢式百叶窗
- 木质百叶窗

- 帷幕
- 塑料贴膜
- 护窗板
- 置于窗台上的独立私密性装置，比如纸质屏风
- 活动遮板或防护架

照明技巧

窗台上的台灯或射灯的光锥可以分散视觉焦点，保护室内隐私。

大型落地植物

如果没有窗台，可以在玻璃窗前放一些大型盆栽或适合室内栽种的矮树。这类植物的宽大叶片既能遮挡视线，又不至于完全挡住阳光。假如是全景式落地窗户，还可以利用不同高度的植物打造出具有层次感的屏障。

爬藤植物和植物窗帘

　　向上蜿蜒生长的爬藤植物会为厨房或浴室的窗户增添隐蔽性和神秘感。常春藤、绿箩、球兰、星点藤都是不错的选择。一些养在吊篮中的经典垂吊植物，例如茉莉，可以形成植物窗帘。

窗台上的静物组合

　　将窗台上的灯具、装饰品、书堆、盆栽等静物组合在一起，能遮挡部分视线，增强私密性。

布艺框架

　　还可以考虑买一个木框，在上面嵌入别致的布艺或手工织物，根据需要悬挂或倚靠在窗台。

家具

　　在全景式窗户前放置轻巧的透明家具，比如玻璃餐车或低矮的边桌，也是不错的方法，既不会阻碍光线，又能遮挡一些视野。

增强私密性的户外设施

- 灌木丛、树篱、树木及其他植被
- 木栅栏、围栏
- 石墙、院墙
- 屏风
- 竹编隔帘
- 不同高度的花坛

和电子产品玩捉迷藏

科技的发展为生活提供便利的同时，也带来了一些烦恼。电视机、家庭影院、环绕立体声、低音音箱产生的噪音使人不得安宁，也给视觉造成一定干扰。在无法摆脱这些高科技电子设备的前提下，该如何解决麻烦呢？

以下是一些窍门，权当和高科技电子产品玩一场捉迷藏的游戏吧。

电线"迷彩"

隐藏电线的最好办法就是将它们嵌入墙体。此外，电线收纳槽也是个不错的选择。你还可以在收纳槽表面涂上和墙壁一致的颜色，如果实在无法实现，那就选择贴近墙壁或墙纸颜色的电线。如果墙壁或墙纸颜色较浅，可以选择白色电线；如果颜色较深，则应选择黑色或棕色的电线。布线时，避免出现悬吊或垂挂的情况，应将电线拉直，用电缆钉固定在墙上，最后将多余的电线收纳起来，不要让电线凌乱地散落在地板上。缠在一起的电线很容易积灰，且难以清洁。

让电视隐身于背景墙内

电视机的色调通常偏暗，不使用时更显沉闷。独自一人坐在关闭着的电视机前，可能会有种面对黑洞的感觉。通过添加背景墙，让电视机融入其中，能让房间看上去更和谐。

减少电子产品和墙壁的对比度

如前文所说，电视机的黑色屏幕常给人以黑洞的错觉。将墙壁刷成暗色，从而最大程度地降低两者的对比度，降低电子配件对视觉环境的影响，也可以减少这种干扰。

电视柜

电视背景墙组合柜可以让电视机不再那么显眼。你可以购买市场上现有的成品，也可以按照电视机的尺寸定制。安装时，要保证电视屏幕与电视柜的前边缘保持在同一水平面，这样才能让所有观看电视的人的视线不会受到阻碍。电视柜的稳定性极其重要，无论是固定在墙上还是放在地上，都要保证不会翻倒。电视机在使用过程中可能发热，因此电视柜最好选用耐热材料。我还见过另一种别出心裁的解决方案：为电视机量身打造一个轻薄的外壳，颜色与墙壁完全一致，几乎和背景墙融为一体。

布帘

布帘的灵感来自电影院——将暂时不用的设备隐藏在帷幕后面。在天花板上安装窗帘轨，关闭电视机时拉上布帘。

不必大动干戈，
就能让厨房和浴室焕然一新

想让厨房和浴室在视觉上有所改变，又不想雇工匠大动干戈地翻修，有什么改造的好办法吗？

我们可以在轻装修上开动脑筋。

以下是一些简单实用的技巧。当然，如果是租赁的公寓或房屋，在动手前一定要征得房东的同意。

厨房轻装修

针对厨房的改造，想要通过小范围的改动达到显而易见的效果，不妨借鉴以下方法：

- 卸下橱柜门，重新上漆抛光后再安装回原处（可以购买砂纸和油漆，自己动手）。

- 更换所有把手和配件。换下来的旧把手和配件可以拿去二手店卖掉。

- 更换天花板上的照明设备。拆除原有的吸顶灯或日光灯，安装射灯轨道，改为目标明确的定向照明。

- 利用专门的瓷砖贴覆盖瓷砖上恼人的图案和颜色。这一步听起来比较繁琐，但如果操作得当，瓷砖会成为整个厨房的亮点。若不习惯使用塑料贴纸，可咨询油漆专卖店，购买特殊的瓷砖涂料来解决这一问题。

- 如果无法改变橱柜的颜色，是否可以重新粉刷厨房的墙壁？哪怕不喜欢鲜艳明快的色彩，也不应忽略这一做法带来的惊人改变——只是简单地调整墙壁的颜色，就会给厨房带来截然不同的感觉。

- 用地毯盖住颜色沉闷的过道。铺在过道的地毯的价格往往比较便宜，效果却丝毫不打折扣。在餐桌上铺一块长条形桌布，也能将目光的焦点成功地从地板上移开。

- 安装开放式置物架也是一种在厨房中创造变化的方式。如果是租赁的公寓，不妨卸掉橱柜门，调整为开放式储物空间。如果是自己的房子，则可以任意改动和调整，甚至拆除之前的设计，重新布局。

浴室轻装修

- 根据我的经验，洗脸池上方更换一面尺寸更大的镜子，往往会得到立竿见影的效果。用最低的成本，把略显沉闷的浴室变得更开阔。

- 更新照明设备。在更换浴室灯具前，一定要了解布线情况和干湿区域。一般来说，在浴室天花板上安装新的照明设备比较稳妥和简单。全新的吸顶灯或日光灯会对浴室的整体照明带来很大改变。

- 对于许多租赁的公寓，如果浴室瓷砖的颜色实在不符合自己的审美，但又无法翻修和改造，可以利用瓷砖贴来解决这一问题。或者也可以购买一块大的单色碎布地毯，盖住原来的彩色地板。

- 有的租赁公寓的浴室没有洗脸池和组合柜。这些家具不一定要装在墙上，但安装时需要专业水管工的协助。记得保存原有家具，退租时依样还原。

- 拆除原有的挂钩，在原来的钻孔上安装新的挂钩，避免对墙体造成额外的破坏。

- 如果无法更换马桶，可考虑换个新的塑料马桶圈。根据自己的喜好选择颜色和材质，比如坚固耐用的木质马桶圈。

- 创造更多的收纳空间。在浴室内添置一个窄而长的置物架（尽量不占用太多空间），上面放日用品及其他必需品。马桶后上方可安装置物架。在原有钻孔的基础上，将单挂钩替换成双挂钩或多挂钩。门后也可安装挂钩，悬挂毛巾、浴袍等。

浴室瓷砖的接缝是否已经陈旧褪色，显得丑陋不堪？可以用美缝胶笔修补，记得选择防霉、无毒的。使用前，最好在小块区域测试一下效果。

儿童房的设计

生育孩子会对家带来巨大改变。即使想保持家居整体风格不变，不想做出任何妥协，在实际生活中，仍不可避免地会进行一些调整。这种调整也许不会立刻发生，但随着孩子牙牙学语，摇摇晃晃地迈出第一步，新手父母的日常生活也会发生变化，尤其会更多地考虑安全措施。此外，新手父母还面临一项全新的挑战——布置儿童房。

一个不断变化的房间

首先需要明确一点，对成长中的孩子来说，没有什么是不变的。随着年龄的增长，他们的行为习惯、需求和想法都在变化。因此，根据孩子的实际情况调整儿童房的布局是理性且必要的。父母不仅要考虑房间的外观，还应该考虑给孩子留下什么样的童年回忆。就我的个人经历而言，我会时常借鉴童年时房间中的色彩和细节，甚至参考自己羡慕的小伙伴的房间。从社交媒体和报刊上，同样可以获得启发和灵感，补充和完善儿童房的设计。

蹲下来设计

设计儿童房时，应该从儿童的角度出发，让置物架、储物柜和家具都在他们的视线范围内。做到这一点的诀窍便是，蹲下身来，以儿童的身高来检视装修的效果。

选择焦点

设计儿童房时，不要太过"短视"。我们的视线很容易被一些细节吸引，比如乐高积木、书等，但在这些物品的干扰下，仍要有意识地确定整个房间的焦点。以下三个建议，都能带来明显变化。

1）在房间内贴上带图案的墙纸或粉刷整个墙面。

2）在地板上铺一块舒适柔软的地毯（尺寸大到能够供孩子坐在地上玩耍），可以完全改变儿童房的感觉。

3）在天花板上悬挂一盏醒目别致的吊灯。

给成年人留出空间

给成年人留出活动空间——很多准父母意识不到这一点。许多孩子并不喜欢一个人玩耍，这时，父母或年长的兄弟姐妹需要一把舒适的椅子。如果孩子需要陪睡，不妨购买一张较大的床（105 至 120 厘米），保证孩子和父母的睡眠质量。

避免过度拥挤

不同于其他房间，儿童房的家具要尽量贴墙或靠边摆放，留出足够的游戏空间。此外，也要考虑到儿童房的布局。儿童房内不宜摆放过多的家具。随着孩子成长，要对儿童房及时调整和改造。

为儿童创造私密角落

儿童房的设计以舒适和温馨为主。在房间的一角设置一个带靠枕和毛毯的小帐篷，能为孩子提供休息、玩耍和阅读的私密空间。

保持整洁

父母可以通过儿童房里摆的玩具架和收纳盒，引导孩子养成收纳的习惯，保持房间的整洁。玩具架的高度应根据孩子的身高来定，收纳盒可以分门别类地装下乐高积木等各种玩具。这样一来，孩子渐渐能自己动手整理，不用依赖父母的帮助。

给新手父母的设计小诀窍

- 使用托盘。不要因为有了孩子，就害怕将贵重物品陈列出来。在孩子出生的头几年里，你只需要在一天中的固定时段内放好即可。在我的第一个孩子一岁到三岁的时候，茶几上的装饰物（包括烛台、陶瓷花瓶、锡制火柴盒等）都放在一个托盘里，每天早晨我可以迅速把它们收起来，晚上等孩子入睡后再摆出来。

- 在孩子可能活动的房间都准备一个收纳盒。造型不一定要很幼稚，比如厨房里的收纳盒可能是适合孩子身高的抽屉柜，客厅里的收纳盒则可以是带储物空间的脚凳。

- 购买可拆卸和机洗的沙发罩。或者购买和沙发颜色相近的沙发罩，在必要时应急。

- 选择耐脏的地毯。

- 购买粘力强的粘毛滚筒，以便及时清洁桌布、地毯、家具表面的残渣碎屑。

- 将透明地垫铺在餐桌下面的地毯上，能保护地毯不被婴儿食物残渣弄脏。

- 准备湿纸巾，可有效清洁家具和墙面上的污渍。玻璃清洁剂和洗洁精也有很强的去污能力。

- 用薄丝袜罩住吸尘器的吸嘴，然后探入缝隙或角落深处，可以将卡在其中的乐高积木或其他小玩具吸出来。

采购建议

采购家具内饰时，我们常常陷入这样的困境，分不清哪些是冲动消费，哪些是我们真正需要的。那么，有什么诀窍能够帮我们做出正确判断，避免犯错，最大程度地节约金钱和时间成本呢？

这些年来，我碰过不少钉子，也积累了不少经验，逐渐摸索出一些方法。

这一章里，我将分享一些采购经验及技巧。

家具选购策略

随着时间流逝，某些家具和物件在视觉上的老化磨损程度非常严重。这虽是个人感受，但以经验来看，对采购对象进行全方位的研究和考量，不仅能够提高投资效率，还可以避免许多令人措手不及的状况。

合身与舒适

时尚设计师最看重的是如何根据每个人的体形，量体裁衣做出合身舒适的衣服。无论款式或流行趋势如何变化，谁都不愿意选择一双尺码过大的鞋子或一件过于紧身的内衣。但在室内设计中，这一理念似乎并不被重视。很多客户往往对舒适度视而不见，宁愿选择与之相违背的家具或物件——只因为它们更时尚，更有趣，更酷，更具吸引力，或者更实惠。有时候，我们故意忽略尺寸不合的问题，只是为了让自己显得更为随性和自由。

不管怎么说，将空间的合身感和舒适度纳入考量，可以有效地规避采购的陷阱和不计后果的冲动。冷静下来想一想：根据房间的大小和风格，最适合摆放哪些家具和物件？根据家具的用途，哪种材料最实用？

经典

如今被视为经典的家具和装饰，在过去的某段时间也是时髦和先锋的代名词。不同于那些昙花一现的潮流，它们在流行之后逐渐沉淀下来，历经岁月的洗礼和考验，最终成为永恒的经典。在我看来，这些经典作品有一个共同点，即具备独创性。无论在设计还是在质量上，都有其独特之处。

如果面对各种现代家具难以选择，不如将目光转向那些颇具时代感的经典之作。那些品质上乘的经典家具，在转手时也能卖出不错的价钱。

品质

如今流水线生产的刨花板家具和复合木地板几乎不可能成为未来的古董，原因很简单：它们都是空心的，没有办法修补，再加上表面材质经不起打磨，出现的裂纹和破损也无法修复。很多时尚的家具往往只是限时出售，之后难以买到替换的零部件，随着日益磨损，寿命宣告终结。

购买手工实木家具是一项不错的投资，它们的二手价值通常高于流水线生产的半成品家具。

以下是购买耐用的优质家具的采购指南。

选择	不选	原因
实木	刨花板，中密度纤维板	易于保养和维护
FSC 欧洲森林认证木材	未经认证和检测过的木料	适应北欧的温湿度
非濒危树种木料	濒危树种木料	合法、环保
打蜡、抛光或过油的表面	油漆或涂料粉刷过的表面	具有防水功能，利于木料呼吸，便于保养和维护
天然或有机颜色	人造合成涂料	更环保，降低化学物质含量，更有光泽
植鞣革	铬鞣革	减少有毒化学物质排放
可拆卸和清洗的内衬	不可拆卸或清洗的内衬	易于养护，使用寿命更长
有机纺织品（如亚麻、棉、羊毛）	合成纤维材料	更耐用，不含塑料微粒或化学物质
再生聚酯纤维	合成聚酯纤维	减少二氧化碳排放

均次使用成本

选择适应当地气候的木材至关重要。若木材生长的自然环境、温湿度要求和室内条件差异过大，木材容易干燥断裂。

购买便宜的家具和装饰看似经济实惠，但从长远来看并非如此。选购家具时，不仅要考虑成本和售价，还应考虑到均次使用成本。比起经典工艺的高品质家具，批量生产的廉价家具或许有着诱人的低价，但它们难以维护和修理，作为二手商品再次交易时可能无人问津，迅速被市场淘汰。对于那些使用非环保材料的家具，在运往垃圾场时可能还需要支付一定的处理费用。

不变的内饰

一生中，我们通常会搬好几次家，品味也会随时间发生改变，因此采购家具和装饰时要再冷静想想，哪些值得投资，哪些应该再等一等。当然，最终的决定权在你自己手里，而且我们多半会根据直觉行事——选购时，还是应该投资在可拆卸和携带的东西上，而不是那些只适合当前住宅的。不用永久固定在墙上、能放进汽车后座或后备厢的家具都值得投资。这类家具适用于各种家居环境，可以从学生公寓到养老院一路陪伴着你，比如艺术品、设计灯具、烛台、经典花瓶、瓷器、餐具、椅子等。

跳蚤市场购物清单

跳蚤市场是不少人喜欢光顾的地方。此外，网络上也有不少二手交易平台。面对琳琅满目的商品，往往会不自觉地掉进营销陷阱从而忘记采购的初衷，沉迷于其他不必要却夺人眼球的小玩意儿。因此，我在手机上列出了一张购物清单，写明要在跳蚤市场和二手交易平台上寻找的物品，将这些物品列入网上的心愿单，一旦到货，便会收到系统发送的提醒。

我从室内设计师艾尔莎·比尔格林那里学到了用关键词搜索的技巧。关键词可以是一家专营店，也可以是喜欢的风格或款式。在网络上，用同一个关键词可能会搜索出海量的信息，我们可以根据自己的需求，按照价格高低或评价高低排序，反复衡量和比较。一开始，你或许会感到难以抉择，但随着经验的积累，最终一定能找到心仪的物品。

古董的增值

投资旧家具、版画或古董装饰品时，我们需要了解更多细节，来把握这些老物件的增值空间。

出处

对于一件古董来说，背后的历史、曾经的拥有者决定了它的升值潜力。一些拍卖行会在豪宅翻修或拆除之际拍卖收藏品，或者会在某位名人去世后拍卖他的遗产。如果未来还有出手的打算，切记保存好标注古董来源和持有者的证明文件。

铜绿

家具的磨损和老化也是增值的一种表现形式。你可能会在拍卖行的介绍文案中读到"铜绿"，铜绿代表着岁月的沉淀和积累，是无法通过机械设备或人为加工实现的。

原版

一些家具工匠、艺术家和陶艺大师喜欢在实际投入生产前制作三维立体模型打样。幸运的话，你可以得到某件家具的原版或从未投入批量生产的独特原型，它们具有很大的升值空间。

特别版和限量版

具有特别纪念意义、数量有限的藏品，通常被认为是特别版或限量版。在售罄后的一段时间，它们的收藏价值会显露出来。无论作为私家珍藏还是投资理财，都是不错的选择。

版号

购买石版画等版画艺术品时，请一定留意作品的版号。版号会显示作品的版数，即印制的作品数量，版数越小，价值越高。此外，同一批次印制的作品，序号越靠前，增值的潜力越大。

低价带来的喜悦
会被迅速遗忘，
而劣质所造成的痛苦
却将一直持续下去。

———

本杰明·富兰克林

我的优先原则

这些年来，我形成了一套自己的采购方法，能够快速决定主次顺序。以下是我归纳总结的评估产品的方法。

高时尚度 + 低工艺度 = 短的使用寿命

广告上出现有关季节流行色彩等字眼的商品，通常归在季节流行趋势的类别中。季节流行趋势的产品往往是批量生产，材料廉价，质量较差，缺乏独特性，使用寿命短，二手价值低。我一般不会购买属于季节流行趋势的大件家具，但是会购买以可回收材料制成的小装饰品，或者直接购买二手产品，比如经过岁月沉淀的黄铜烛台，而非现代工艺做旧仿古的时尚产品。

高时尚度＋高工艺度＝长的使用寿命

高时尚度、高工艺度的家具和装饰品更经得起岁月的考验，成为具有一定二手价值的古董或经典设计的代表。我会优先选择由使用寿命长或具有一定价值的材料制成的产品，比如黄铜或红铜等金属制品、人工吹制的玻璃制品。

低时尚度＋低工艺度＝短的使用寿命

我将很多常见的家居用品以及需要定期更换的消耗品都归在这一类别中。比如一次性物品、储物容器、门垫、收纳盒、蜡烛等。在选购这类产品时，材料是否环保是我优先考虑的要素。环保材料可以循环使用，方便回收和再利用。

低时尚度＋高工艺度＝长的使用寿命

这一类产品在日常生活可能并不显眼，却是不可或缺的长线投资品，而且能够满足方方面面的需求，比如床、床垫、餐具等。如果你希望这些物品能长期使用，那么时尚度在购买时并非重要的参考指标，而是从工艺度出发，获得更高的二手价值。我在购买时会考虑这类产品的各项参数。一张量身定制、做工考究的双人床，其质量一定优于连锁家具商店出售的双人床，之后在二手市场上也必然容易出手。

关键尺寸
和比例

　　住宅设计追求感觉和体验。此外，尺寸、比例和人体工学也极其重要，若忽视了这些因素，定会引发日常生活中的摩擦与冲突。本章中，我会根据不同房间的类别和功能，归纳了一些有关尺寸和比例的知识。

家居中的人体工学

　　瑞典是率先研究家居人体工程学的国家之一。二十世纪四十年代初，国家资助的家居设计研究所成立，致力于广泛开展家居用品的消费和体验研究，从而改善普通民众的居住环境。人体工学工程师对瑞典住宅中的厨房进行了精确测量，并根据人体工学原理，提出尺寸标准化的建议。1957 年，家居设计研究所改组，更名为国立消费研究所，即今天的消费者总署。

　　二十世纪四十年代以来，瑞典社会在性别平等上取得了长足的进步。而在那个年代，很多瑞典女性都是家庭主妇，家就是她们的工作场所，从人体工学角度而言,她们的工作环境并不理想。随着女性的家庭工作环境逐渐受到重视，瑞典政府结合工程师和室内设计师多年来积累的知识和经验，相继制定了一系列业内的建筑标准，大幅改善了家居环境。如今，大部分瑞典女性不再是全职的家庭主妇，而瑞典的住宅已经变得更安全、舒适，更能满足室内活动的各种需求。

　　接下来给出的数据，一些是建筑行业的标准，一些是惯用的规范，还有一些是实用的建议。在设计过程中，我们并不需要循规蹈矩，也不需要分毫不差。流行趋势随时会发生变化，但符合人体工学的设计能减少生活中的困扰这一点不会变。室内设计过程中，这些示例和建议可以帮助你理性地做出决策。

制作房屋模型

　　如今，在装修或翻新房屋前，我们可以利用各种各样的数码软件绘制平面设计图，尝试不同的装修方案。那么，你愿意回归纸笔的方式吗？以 1:100 的比例尺（大多数住宅开发商和室内设计师在设计草图时都使用这一比例尺）打印出房屋平面图，然后用同样的比例裁剪出家具和装饰品的纸样。这样一来，你可以根据自己的想法任意布局和调整，更直观地看到设计效果，确定家具的位置和尺寸。

　　1:100 的比例尺，即图上 1 厘米代表实际 1 米。方格纸上，每个小方格的长度通常为 0.5 厘米。

是否要按照人体工学的标准来完善设计，因人而异。有人认为，在私人住宅中精确测量尺寸未免刻板，破坏了生活情趣；有人则对这些指导意见持认同和欣赏的态度。我觉得有一点非常有趣——尽管我们大部分时间都是在家里度过的，但往往更重视工作场所中的人体工学应用。

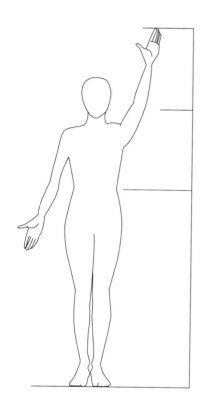
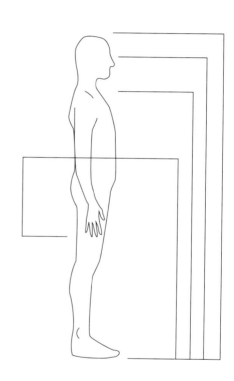

　　研究人体测量和观察方法的学科，称为"人体测量学"。人体测量学主要应用于业内的标准化制定，也是兼具创造性、功能性和舒适性的家居和工作环境中重要的灵感来源。

　　举例来说，我们可以根据腿长和臂宽，对特定环境所需的空间进行评估。根据身材制定标准尺寸在服装设计领域是理所当然的，人们已经养成了看标签上的尺码数据选择衣服的习惯。不过很多人没有意识到，人体测量学对空间设计同样具有重要意义，它可以帮助我们打造出具有功能性的住宅，减少了很多不便。

设计时，不要忘记考虑衣柜、橱柜、抽屉柜等可开合家具的最大尺寸，以及所有柜门或抽屉打开后占据的空间，否则你可能需要移开某些障碍物才能顺利地打开柜门或抽屉。预估开合情况时，务必考虑开合的半径，以便留出过道和摆放其他物品的空间。

前厅

前厅，也叫门厅、玄关、门廊。虽然叫法不同，但都是指进入住宅时经过的第一个区域。前厅的面积可大可小，我在某处读到过："前厅是通往外部世界的入口。"明白这一点，就不会将前厅视作毫无作用、可有可无的部分。衣帽架应该安装在多高的位置？存放外套的空间布局是否合理？鞋柜需要多大才能放下家人和客人的鞋子？以下是一些可供参考的建议。

- 衣帽架的安装高度通常距离地板约 180 厘米。

- 在衣帽架下安装鞋架或壁挂式家具时，不要忘记测量你最长的外套的尺寸。如果有长款风衣，鞋架和衣帽架之间需要 140 至 160 厘米的距离。

- 衣帽架的宽度通常在 40 至 45 厘米，而悬挂衣物后还会占用更多空间。我们取放衣物时，常常会引起衣帽架小幅晃动，因此要预留一些空间，以免衣架剐蹭墙壁或家具。

- 考虑衣帽架可以容纳的衣服的数量时，要注意带内衬的厚外套会多占用约 10 厘米的宽度。

- 计算衣帽架的容量时，可预估每顶帽子所占用的宽度为 30 至 35 厘米。

- 鞋架的纵深应至少为 32 厘米，以便容纳尺码较大的男鞋。

- 安装位置较低的挂钩，通常设在距离地面 95 至 100 厘米的位置。

- 衣柜的纵深一般为 60 厘米。这一数据是根据衣物悬挂和拿取时的所需空间决定的（衣帽架加上衣物，通常为 55 厘米）。带滑动门的衣柜，纵深一般为 68 厘米。

- 设计前厅时，应避免局促和拥挤，以确保穿脱衣物时有足够的空间。成年人穿脱外套时所需活动空间的直径约 90 厘米。

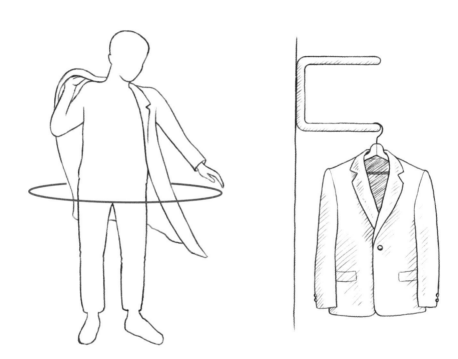

浴室

在翻新卫生间和浴室之前，最好询问专业人士的意见。不过在设计和采购卫浴时，了解一些通用的标准尺寸会大有帮助。比如，浴帘的悬挂高度多少为宜，毛巾挂钩应该安装在什么位置，等等。

- 淋浴房的推荐尺寸为 80×80 厘米。

- 浴帘杆通常安装在距离地面 200 至 220 厘米高的位置，可根据天花板的高度和浴帘的长度调整，保证成年人进出淋浴房无须弯腰。

- 浴帘的标准尺寸为 180×200 厘米或 180×180 厘米。

- 浴帘过长拖到地面很容易变脏，过短则起不到防溅的作用。测量浴帘杆的安装高度时，也要考虑浴帘挂钩的尺寸。

- 厕纸架通常安装在距离地面 65 至 70 厘米高的位置。

- 悬挂毛巾的挂钩通常安装在距离地面 100 至 120 厘米高的位置；悬挂浴巾的挂钩通常安装在距离地面 150 至 160 厘米高的位置，避免浴巾拖到地面。

- 脏衣篓通常有 60 至 70 厘米高。

- 如果浴室门是向内开，在摆放物品时一定要考虑门的开合半径，不要在开关区域堆放物品。

- 在梳妆台、浴室柜和储物柜前留出足够的空间，以保证打开柜门时，空间不会显得局促。

- 浴室内留出至少 70 厘米宽的过道。

厨房

厨房一直是瑞典在人体工学设计与创新领域的研究对象,但令人惊讶的是,很多新建的厨房似乎并没有运用这些宝贵的知识和经验。它们确实精致美观,但缺乏实用功能。比如,炉灶位于厨房的一端,而水槽却远在另一端,人必须端着烧热的铁锅,穿过整个厨房去水槽沥干意大利面。

关于厨房的设计,业内有通行的建筑标准,也会提供参考建议。其中最重要的莫过于厨房工作三角理论:炉灶、冰箱和水槽作为三个主要的操作地点,彼此之间的距离应该在两步以内。我们在厨房操作时,大多数时间都在这三点之间移动,控制这三点间的距离能够提高效率。

如果对厨房的规划和布局具体到方方面面的细节,可以写成一本书。在这里,我只提供一些建议。当然,若要对厨房进行大规模调整或改造,还是应该咨询专家的意见。

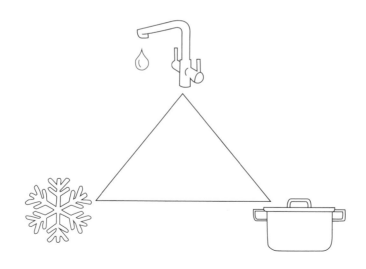

料理台

- 水槽和炉灶之间应留出 80 至 120 厘米的距离，才不会让人感觉厨房拥挤局促。

- 料理台的标准宽度为 60 厘米。如有特别需要，可将宽度增至 70 厘米，获得更大的活动范围。

- 料理台的标准高度为 90 厘米。这一数据基于成年人的平均身高和操作时的最佳体验度而得出。

- 料理台和壁挂式橱柜之间应保持至少 50 厘米的距离，以保证在料理台前准备食材时，头部不会受到磕碰。

- 在冰箱旁或烤箱边设计一张操作台。如果操作台靠近烤箱或炉灶，则应保证其表面具有隔热功能。这样一来，从冰箱或烤箱里取出的食品，就可以直接放在操作台上了。

- 记得要留出肘部活动的空间。炉灶不应紧贴墙壁或橱柜，两侧留出至少 20 厘米。

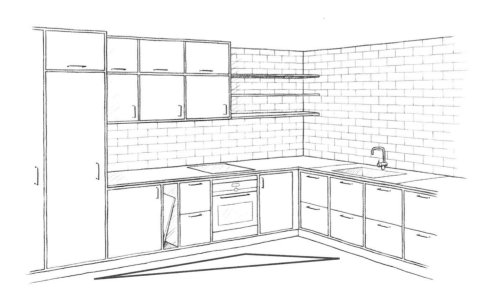

过道和空白区域

- 烤箱和洗碗机前应留出至少 120 厘米宽的过道，方便打开烤箱门和洗碗机柜门。最好不要将洗碗机置于走动频繁的区域，以免被柜门绊倒。

- 橱柜和抽屉，在前方留出 110 厘米宽的过道即可。

- 如果厨房的两侧均设有料理台，可在中间留出 120 厘米宽的过道。如果会有两个人同时在料理台前操作的情况，过道宽度应扩大到 140 厘米。

其他

- 在厨房墙面布局插座的基本原则是：每隔 1.5 米设一个双插座。有的插座位置需要略高于料理台表面，如经常连接咖啡机的插座；有的插座则需要略低于橱柜，如偶尔接通厨房用具的插座。在墙壁靠近地板的位置设置供吸尘器使用的插座，在天花板和窗户附近的墙面留出供照明设备使用的插座。

餐厅

如果餐椅带有软椅垫，测量椅子高度时应从垫子被压缩时，即有人坐在上面的情况下测量。从实际情况出发进行测量十分重要。

无论将餐桌设在厨房还是餐厅，你都需要掌握一些关键数据，保证起坐时舒适，享受美食时不会受到打扰。

- 餐椅座位的大小为 40×50 厘米，座位高度为 41 至 45 厘米。

- 餐桌桌面距离地板的高度应为 72 至 75 厘米，桌底和地板的距离至少为 63 厘米，以容纳餐椅，保证就餐者入座时的舒适度。

- 不要只测量餐桌整体的高度。如果餐桌的桌面和牙条较厚，入座时双腿容易卡住。

- 餐椅和桌面之间应保持 30 厘米左右的高度差。不同生产商制造的餐椅高度存在差异，因此如果餐椅和餐桌不是同一系列的配套产品，请务必仔细测量。如果决定继续使用旧的桌椅，也可以记录下精确尺寸，以便选购搭配。

- 供 4 至 5 人使用的圆形餐桌，其直径至少应为 110 厘米；6 人桌，直径至少为 120 厘米；8 人桌，直径至少为 150 厘米。

- 一张餐桌可以容纳多少人？我们以每人占 60×35 厘米的面积进行估算，这样足以容纳盘碟、餐具和玻璃杯。这一数据参照的并非餐椅宽度，而是就餐者手臂的活动范围。长方形餐桌每人的宽度至少应为 80 厘米。

- 估算餐桌可容纳的人数时，要考虑桌腿。如果桌腿的角度或设计较为特别，那么桌面大小不能成为唯一的参考标准。

- 餐桌与墙壁或其他家具应保持至少 70 厘米的距离，以保证顺利拉出餐椅就座。如果旁边有抽屉柜，要拉出抽屉再测量。

- 如果餐桌设在厨房，餐桌和橱柜之间，应保持至少 120 厘米的距离，保证有足够的空间可以打开橱柜门或抽屉。

留意方方面面的细节！

选购餐桌时，切记要检查餐桌底部是否有突出的螺丝钉、未打磨的木板或裂缝，否则很容易剐蹭衣物。

客厅

　　客厅应尽量宽敞，足以容纳沙发和扶手椅，甚至能放下一整套餐桌椅。为了实用，家具间留出合适的距离至关重要，避免发生碰撞或在行动时遭遇障碍。以下是一些客厅设计中基本的建议。

　　- 沙发的长度不应超过背后墙壁的三分之二，过长过大可能会让客厅显得局促。

　　- 茶几的长度不应超过沙发的三分之二。如果沙发太长，建议购买两张较小的茶几来搭配，或选择几张高度不同的边桌进行组合，打造错落有致的效果。

　　- 搭配普通沙发的茶几，高度在 40 厘米左右为宜。沙发边缘和茶几之间应保持 30 至 40 厘米的距离，避免起坐过程中发生磕碰，方便拿取茶几上的报纸或咖啡杯。

　　- 沙发与沙发之间无障碍穿行需要较大空间，在沙发之间留出 50 至 60 厘米的走道更为合适。

　　- 组合沙发和扶手椅的摆放，应以就座者能够彼此对视和倾听为前提。视听范围的半径在 250 至 300 厘米为宜。距离过远，交谈者需要提高说话的音量；距离过近，则会给对方带去压迫和不适。

　　- 脚凳的高度略低于沙发，才能在坐卧时更舒服地抬起双脚并保持平衡。

　　- 收纳正常开本的图书，书柜的深度在 30 厘米左右为宜。如果需要摆放开本较大的图片集或艺术类图书，书柜的深度应扩大到 40 厘米。小开本平装书的宽度通常不超过 11 厘米，可以陈列在纵深较浅的书柜上。

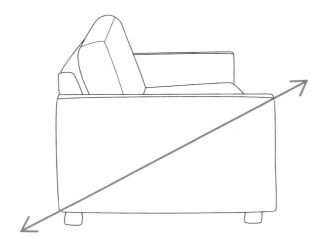

订购组合沙发或双人床等大件家具之前，务必测量电梯、入口处和楼梯间过道的宽度，并与家具的对角线长比较。对于独立住宅，大门的宽度、前厅和楼梯间的转弯半径都是需要考虑的因素。

如果大件家具需要在楼层间运送，而入口处的空间过于狭窄，不妨测量一下楼上的窗户尺寸和阳台面积，考虑是否可以采用起降的方式。

- 布局家具时，务必留出通往阳台门和进出房间的过道。家具应和过道保持至少 10 厘米的距离。

- 根据款式和设计的不同，沙发和扶手椅的尺寸也会有所区别。购买家具时，应保证每个座位至少有 60 厘米的宽度。

- 需要特别注意不带防眩光灯罩的照明设备的摆放位置，避免坐下时被眩光干扰。

- 在行动区域内安装枝形吊灯，应保证悬挂高度距离地面至少 200 厘米。如果是带烛台的水晶枝形吊灯，不要让蜡烛太过靠近天花板，蜡烛燃烧产生的热量可能会使天花板变色，甚至引发火灾。

卧室

卧室的功能性比厨房稍弱，在尺寸方面的要求没有那么严苛，但要想温馨、实用，还是要遵循一些准则。排除所有障碍和隐患后，卧室才能真正成为休息放松的空间。

首先，床的尺寸应适应房间的面积，否则整间卧室会给人装饰过度的感觉。新建住宅的话，我们从平面设计图即可判断该搭配单人床还是双人床。但是对于重新设计或翻修的老房子，卧室的面积可能比较尴尬，我们必须考虑到床的尺寸、床两侧过道的宽度、周围的灯具、床头柜以及其他家具的情况。这些因素都会影响卧室的功能和氛围。以下是卧室设计的一些重要参数。

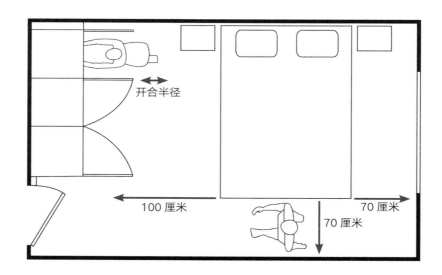

- 一般来说，单人床的宽度为 80 至 140 厘米，双人床的宽度为 160 至 180 厘米。

- 无论是单人床还是双人床，床的长度要比身高大 20 厘米是购买的基本原则。大部分床的标准长度为 200 厘米。如果你的身高超过 190 厘米，最好定制 210 厘米长的床。

- 款式不同，床的高度也存在差异。一般来说，高度在 55 至 60 厘米的床，睡眠体验最佳。如果你喜欢坐在床上，可选择高 45 至 50 厘米的床。3 层床垫的床的高度可能达到 75 厘米（包括床垫和床腿），对于要和幼儿一起睡的家庭，选择需要格外谨慎，想到幼儿可能在夜间意外跌落的情况。

- 床头灯的位置取决于床头灯的用途——是用作阅读的照明来源，还是装饰性的背景光源。功能性照明对光源的强度和角度要求更高，如果你习惯坐着或躺着阅读，可以选择可调节的床头灯。如果选择壁挂式床头灯，要考虑床架和床垫的高度，保证一方睡前阅读的同时，不打扰准备入睡的另一方。

- 床边应留出至少 70 厘米宽的过道。

- 在衣橱前预留空间，以保证橱门开合时有足够的空间，避免和床头柜发生碰撞。

- 床头柜的高度应根据包含床腿和床垫在内的总高度而定。床头柜的标准高度为 50 至 70 厘米。

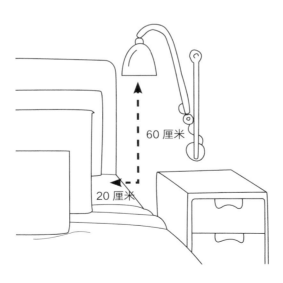

- 壁挂式床头灯的安装位置取决于床垫。室内设计师卡琳·埃斯皮诺萨·莫瑞尔在为布鲁塞尔的一家建筑事务所绘制了三百间酒店房间的设计图后，总结出一个实用且巧妙的办法：在床垫边缘取一个点，将其向外平移 20 厘米，再向上平移 60 厘米，最后该点所在的位置就是灯具光源的安装位置，如图所示（P225）。

- 预估卧室内其他家具的尺寸时，注意留出富余。比如在选择床垫时，必须考虑到床板和床框的厚度，在原有基础上适当增加几厘米。

- 床头板应高出床垫至少 20 厘米，以保护墙壁、支撑靠枕。

- 双层床的话，须保证两层之间留出足够高的距离，避免坐在下层的人磕到头部。

书房

不管你是把书房当作办公、学习的地方，还是当作发展爱好的空间，在设计时都要考虑到人体工学原理，这样可以有效缓解因久坐而引起的颈部和背部的不适。如果在电脑前办公时还需要用到笔记等纸质资料，则尽可能选择大的桌面来容纳。以下列出了书房装修时的参考尺寸。

- 办公桌桌面的尺寸一般为 75×120（最大 150）厘米，这样能放下电脑和工作资料，并有足够的空间活动手臂。如果还有平板电脑，那么桌面宽度应达到 80 厘米。至于台式电脑，桌面宽度就应在 100 厘米以上了。

- 办公桌高度通常为 75 厘米。如果是电脑办工，高度可适当增加。

- 办公椅的座位面积通常为 40×50 厘米，座位高度为 41 至 45 厘米。

- 为了方便移动，普通办公椅应与办公桌边缘保持约 70 厘米的距离；旋转式办公椅需要留出 60 厘米的距离。

- 考虑到滚轮的滑动，带滚轮旋转椅需要与办公桌留出更多距离。因此，在办公桌固定的情况下，随意更换办公椅的款式可能会造成行动不便。

- 选择办公椅，推荐可拆卸调节扶手的办公椅，以适应不同工作者的需求。如果出现多人同时工作的情况，还可以节省空间。

- 办公桌下应预留足够的空间，保证双腿可自由活动。

如果家里经常宴请宾客或举行晚宴，在选择办公桌时，不妨以餐桌的宽度作为参考标准。这样在大型宴会时，办公桌还可以和餐桌拼接，达到临场补救的效果。

洗衣房

洗衣房的设计同样需要遵循一定的尺寸标准，其中运用可移动家具最为重要。切忌让洗衣篮或垃圾桶成为洗衣机、烘干机面前的障碍。使用洗衣设备时，我们的动作幅度较大，因此有必要预留出充足的空间，最大程度地减少不便。以下是一些洗衣房设计的参考标准。

- 洗衣机和烘干机前都需要留出充足的区域，区域以 1.5×1.5 米为宜。

- 观察窗边缘和地板间都应留出至少 0.5 米的距离，以 0.75 米为最佳。这样在拿取衣物的时候，衣物不易落到地上。

- 洗衣机和烘干机并排放置，需要考虑观察窗的开合半径，避免操作不便。

规划你的空间
设计方案

　　收集一些激发灵感的图片、文字或其他素材以拼贴的形式进行整理，最终的呈现称为"情绪板"。情绪板能将想法或目标可视化，直观传达出想要的感觉。利用情绪板来制定空间设计方案，看似轻而易举，实际上很多人迷失在这一过程中，陷入进退两难的境地。把这些五花八门的图片和各种各样的想法转化成真正可用的东西，这并不简单。在本章，我会帮助你制定设计方案，通过情绪板获得灵感。

情绪板

室内设计师在着手工作之前会制作情绪板，用来测试不同的想法，找出最合适的方案，同时以直观的方式向客户阐明预期的风格和感觉。情绪板不仅能帮助我们制定设计方案，还便于向他人展示我们的想法，最大程度将个人需求可视化，获得全面的反馈意见。

 最好在手机里存一张情绪板的照片，当然，如果你的情绪板已经是电子版本，那再好不过了。这样一来，当碰巧遇到喜欢的东西或者有了新的灵感，可以随时调整和记录。

从抽象想法到购物清单

我们可以在设计的任一阶段制作情绪板。早期，情绪板的内容往往比较抽象，更多的是模糊的想法。随着室内设计流程的不断推进，情绪板的内容会越发具体、明晰，最终成为购物清单。

建筑风格、建造材料、外观色彩等一些客观因素，一方面制约着设计想法，另一方面也在为设计提供线索。我们可以从这些客观因素出发，整理思路。将抽象的概念转化为具体的计划，进一步处理脑海中的细节。

根据设计所处的阶段以及个人对自我风格的自信度，我们可以像漏斗那样，逐渐筛选出最本质的部分。在没有把握的情况下，我们应该花更多的时间和精力整理出理想生活方式的样子，待所有前提条件都一目了然，再将情绪板整理成购物清单。

饼状图

首先，我们可以思考并确定房间的功能。从需求出发，问问自己想要怎样的生活。房间的功能和优先顺序因人而异。

思考你在家中会进行哪些活动，以一天或者一周为期限计算出每项活动所占用的时间和比例，制作成饼状图。通过这种方式，可以非常直观地看到在设计时需要优先考虑哪些活动需求，从而更合理地做出规划。

情绪板的构成

如果情绪板是一道菜，它有标准的配方吗？答案是否定的。每个人制作的情绪板各不相同，有的人能轻松直观地预见想象中的结果，有的人需要更多的帮助和指导。在此，我列出了部分情绪板的构成因素，你不一定要完全按照这些因素制作情绪板，一切取决于个人需要。

1.生活方式

试着为你理想的生活方式勾勒场景。假如你想重新设计客厅，可以先思考一下完工后的使用情况。你所憧憬的场景，是全家人晚上围拢在壁炉旁玩棋盘游戏，是亲朋好友坐在舒适的沙发上谈天说地，还是大家在盛大派对上尽情地享用美食和美酒？你可以在杂志或网络上搜寻相应的广告图，将自己的想法可视化和具体化。

只有明晰自己的需求和感觉，能准确勾勒出理想的生活场景时，才能真正进入摸索阶段。在此之前，我们需要尽可能地收集给人以启发和灵感的图片。重要的是要打开思路。从样板房的图片、漂亮的色块到别出心裁的解决方案，甚至微不足道的细节，都保存下来。报纸、杂志、产品目录、网络资料都可以作为收集信息的来源。这一阶段往往容易迷失，而避免这一问题的最好办法就是明确需求和目标。

摸索阶段的持续时间较长，并且会不可避免地产生反复。只有反复推敲和思考，才能确定自己真正的喜好方向。

2. 外观

房屋的建筑风格和外观样式对你的设计方案是否有所启发？外墙的颜色、风格和材料是否值得借鉴？

3. 风格

在浏览过大量的空间设计图片后，你应该会对某种风格表现出明显的偏好。接下来的挑战在于，大刀阔斧地删减，让想法更明确。

- 实事求是。你最喜欢的是什么？排除那些为了想给别人留下深刻印象而坚持保留的东西。对于完全不适合自己的部分，要毫不犹豫地剔除干净。

- 及时止损。哪些想法是可行的？哪些是你拼尽全力仍然无法达到的？如果最终实现的可能性极其渺茫，应该及时止损。

- 保持理性。哪些部分更符合你目前的实际状况？在未来的几年里，哪些规划显得不够务实？从个人经验来看，很多挫败感其实源于不切实际的幻想，而这些幻想与我们的日常生活相去甚远。将梦想拉进现实似乎有些悲凉，但你不得不这么做，当然，你也会从中有所收获。善待自己吧。人生有不同阶段，我们必须清醒地认识到，有的梦想在某段时期会显得遥不可及。原因或许有很多——家庭结构和成员的改变、工作、经济状况，或其他客观原因。我们应该做的是乐观坦然地接受，并在可能的范围内弥补，而不是消极对抗或固执己见。

在删减大量与你的真实想法不符的设计图片后，接下来可以进一步分析留下来的图片所透露出的信息了。你为何对这些图片情有独钟？它们包含了哪些元素？要让自己的家实现相同的效果，需要遵循哪种风格？你可以通过以下细节找到自己需要的信息。

- 家具和装饰

- 清晰的轮廓和形状，比如引人注目的装饰性纺织品

- 一些细节，比如照片墙或者个人的相片

- 能够营造气氛、体现风格的照明设备

- 地毯和地板

- 绿植

- 风格印象，比如波西米亚风、极简风

- 配色，冷色调或暖色调

分析图片时，你是否感到困难重重？将遇到的问题列出来，结合自己的想法，逐一解决吧。

4. 现有家具

忽略家里现有的家具，是很多人在制作情绪板的过程中容易犯的错误。毕竟很少有人会更换房间内全部的家具，如果仅根据新添置家具的款式和风格制定情绪板，必然影响到设计方案的可行性。

为自己的家选择颜色和材料时，最好从现有的家具和装饰细节着手，这样便于将新旧物品巧妙融为一体，还能为你提供一些配色思路——这些色彩的选择并非基于流行趋势或时尚风潮，而是建立在那些真正让你感觉温暖的物件的基础上。

为了将已有的细节融入情绪板，你可以在网络（比如二手拍卖网站）上搜索一些和现有家具类似的图片，或者用手机拍摄家具的照片作为参考。

5. 色彩搭配

接下来你需要考虑的是，选择哪些颜色最合适。我们先回顾一下之前介绍的颜色对情绪的影响。用各种颜色来搭配，直到达到满意的效果，确定属于自

己的配色方案。

6. 材料搭配

设计时，你可能会用到哪些材料？确定自己所需要的基础材料，问问自己喜欢深色还是浅色的木材，喜欢暖色调还是冷色调的金属，喜欢天然材质还是人工材质。制作情绪板时，不妨从制造商和零售商那里索要或订购各种材质的样品来测试，帮助自己做出选择。

7. 纺织品搭配

若想让家变得温馨舒适，纺织品的选择尤为重要，因此在制作情绪板时，纺织品的颜色和质地都需要纳入考量。你喜欢柔软的天鹅绒或厚重的锦缎，还是轻盈的薄纱或凉爽的亚麻？收集喜欢的面料的样品或查找相关图片，可以帮助你做判断。

8. 感官体验

我们很容易停留在视觉效果的营造上，忽略了居住感受。调动全部的感官，好好想一想：你希望家居内饰摸起来是怎样的感觉？你期待在房间闻到怎样的味道，为什么？哪些声音对你而言非常重要？你是否渴望通过某个细节勾起童年记忆或引发某种联想？

结语

设计充满乐趣、富有挑战。设计的过程与个人偏好和品味息息相关，难免让人感到麻烦和棘手。人们常说设计毫无规则可循，而另一方面，在同室内设计师和建筑师交流时，我能够明显感觉到，作为从业人员，我们在比例、构图和和谐度方面拥有不少共识。这些共识往往很难用语言总结或表达，因此我们总是无法获得直接而简单的答案。

我之所以写这本书，是想针对业内存在的普遍准则，甚至是相互矛盾的经验法则，最大程度地进行简化，并尽可能用通俗的语言来解释。

在追求现代美学的过程中，我也难免会忽略人体工学原理。理性告诉我，在保证内饰美观的基础上，还应注重舒适感和功能性。但实际操作时，能够两者兼顾实为不易。因此，我在书中罗列出业内建议的各种数据，希望对非专业人士有所帮助。

对于书中提到的技巧，你并不需要完全赞同或全盘采纳。如果在设计过程中，它们能为你提供一些灵感，提升你的满意度和舒适度，那么我付出的努力就是值得的。正如瑞典谚语所说："一个温馨的家才是美好生活的基石。"

祝你好运！

弗里达

参考书目及网站

约瑟夫·阿尔伯斯，《阿尔伯斯的色彩知识：关于色彩的相互影响和作用》，1963 年，论坛出版社

列娜·安德松，《室内的色彩搭配》，2016 年，伊卡出版社

托比约恩·安德松，理查德·埃德隆德，《建筑模板中的家》，2004 年，建筑出版社和延雪平省博物馆，卡尔马省博物馆，斯莫兰省博物馆联合出品

塞西莉娅·比约克，拉什·诺德灵，莱拉·瑞普，《别墅是这样建成的：1890-2010 年期间的瑞典别墅建筑》，2009 年，论坛出版社

安德斯·博丁，雅克布·希德马克，马丁·斯丁茨，斯文·纽斯特罗姆，《建筑师手册》，2018 年，学者文化出版社

《住宅设计和建筑准则》，2017 年，瑞典建筑协会

英格拉·布鲁斯特罗姆，埃里克·德斯缪莱斯，《内装手册：从家具布局、灯饰设计到窗户摆设》，2007 年，信息出版社

特伦斯·康兰，《简约生活主义》，1999 年，普里斯马出版社

贝蒂·爱德华，《关于颜色：色彩学手册》，2006 年，论坛出版社

简·弗雷德隆德，贝蒂尔·贝克，《现代设计学》，2004 年，欧得拉出版社

安特·弗里德尔，卡林·弗里德尔，奥克·斯维德穆尔，《房屋中的色彩》，2001 年，弗马斯出版社

安特·弗里德尔，卡林·弗里德尔，《房间内的色彩和光线》，2014 年，瑞典建筑协会

卡特琳娜·格斯皮克，伊莎贝拉·雪瓦尔，《中性设计：健康而舒适的内饰》，2016 年，朗格雪德出版社

约兰·古德蒙德松，《非典型翻修》，2006 年，吉辛格建筑协会

《老房子翻修手册》，2009 年，吉辛格建筑协会

克劳瑞，安特·弗里德尔，阿尔吉尔，马图赛克，《室内颜色和光线分析》，2011 年，斯德哥尔摩艺术协会

玛丽·康多，《收纳的艺术》，2017 年，帕基纳出版社

朱迪斯·米勒，《二十世纪的设计：建筑师实用手册》，2010 年，图刊出版社

艾瑞卡·马克曼，《绿植和盆栽的艺术》，1993 年，信息出版社

恩斯特·纽菲特，彼得·纽菲特，《建筑数据》，2012 年，威利布莱克维尔出版社

奥拉·纽兰德，《住宅的不可估价值》，2011 年，HSB 出版社

奥拉·纽兰德，《瑞典住宅建筑》，2018 年，学者文化出版社

托斯滕·鲍尔森，《绘画中的色彩》，1990 年，伊卡出版社

凯伊·皮波，艾玛·昂斯特罗姆，《用色彩点亮你的家》，2010 年，伊卡出版社

斯特兰·里德斯特朗德，维奇·维纳德，《1880−1980，百年间的公寓建筑》，2018 年，博尼知识出版社

维特欧德·吕布泽斯基，《历史上的住房》，1988 年，博尼出版社

托马斯·施密茨·贡瑟尔，《生态住房和环境》，2000 年，博尼出版社

斯尼达尔·科曼，《和色彩共存》，1998 年，博尼·阿尔巴出版社

安娜·沃卢，《如何创造经典：瑞典经典家居风格探究》，2017 年，辛普松出版社

逯薇，《营造一个温馨舒适的家》，2016 年，帕吉纳出版社

伊丽莎白·维尔希尔德，《照明手册：如何设计创意照明》，1998 年，论坛出版社

林德·乌丽卡·瓦恩斯特罗姆，《光线设计和房间布局》，2018 年，学者文化出版社

参考网站

bbgruppen.se/kophjalp/montagehojder/byggnadsvard.se byggfabriken.se

energimyndigheten.se

ncscolour.com

omboende.se

sekelskifte.se

sis.se/standarder/

smartbelysning.nu

stadsmuseet.stockholm.se

trivselhus.se (planskiss husmodell Fagersta, B031)

viivilla.se

顾问

伊娃·阿特勒·比亚恩斯坦姆（Eva Atle Bjarnestam），历史学家、作家

罗宾·巴恩霍尔特（Robin Barnholdt），建筑设计师

希尔杜·博拉德（Hildur Bladh），色彩学专家

凯勒·卡特（Kelley Carter），室内设计记者

奥萨·菲尔斯塔德（Åsa Fjellstad），色彩学专家

路易斯·克劳斯滕（Louise Klarsten），配色公司色彩学专家

卡琳·林德贝里（Karin Lindberg），地毯专家

达格妮·图尔曼·莫尔（Dagny Thurmann-Moe），色彩学专家

如有未列出的参考网站或未致谢的个人，欢迎和出版社联系。

本书内容基于瑞典的规范和标准。 您所在地区的规范和标准可能与本书所述有偏差，请注意一定要考虑当地的限制和法规。

出版社已尽一切努力确保本书所提供信息的准确与安全，对任何直接、间接，或是其他方式造成的一切人身或财产的意外、伤害或损失，概不承担责任。

作者和出版社欢迎读者提出的任何改进意见和建议。

光做到好
还远远不够。

——

洛塔·阿加滕

图书在版编目（ＣＩＰ）数据

空间可以更美 ：人人都需要设计思维 ／（瑞典）弗
里达·拉姆斯特德著 ； 王梦达译 ．—— 海口 ：南海出版
公司，2023.4
ISBN 978-7-5735-0326-8

Ⅰ．①空… Ⅱ．①弗… ②王… Ⅲ．①室内装饰设计
Ⅳ．①TU238.2

中国版本图书馆CIP数据核字（2022）第212634号

著作权合同登记号　图字：30-2022-102

HANDBOK I INREDNING OCH STYLING
Copyright © Frida Ramstedt 2019
Illustrations Copyright © Mia Olofsson 2019
Chinese (Simplified Characters) copyright © 2023
By Thinkingdom Media Group Ltd.
Published by arrangement with Salomonsson Agency AB,
Through The Grayhawk Agency Ltd.
ALL RIGHTS RESERVED

空间可以更美：人人都需要设计思维
〔瑞典〕弗里达·拉姆斯特德 著
王梦达 译

出　　版　南海出版公司　（0898）66568511
　　　　　海口市海秀中路51号星华大厦五楼　邮编 570206
发　　行　新经典发行有限公司
　　　　　电话（010）68423599　邮箱 editor@readinglife.com
经　　销　新华书店

责任编辑　张　锐
特邀编辑　邹好南　褚方叶
装帧设计　李照祥
内文制作　王春雪

印　　刷　北京盛通印刷股份有限公司
开　　本　710毫米×980毫米　1/16
印　　张　15
字　　数　200千
版　　次　2023年4月第1版
印　　次　2023年4月第1次印刷
书　　号　ISBN 978-7-5735-0326-8
定　　价　79.00元

版权所有，侵权必究
如有印装质量问题，请发邮件至 zhiliang@readinglife.com